U0324199

中国矿业大学"十四五"规划教材

# 新能源化学工程专业实验

中国矿业大学能源化学工程系组织编写

主　编　赵　云　张丽芳

中国矿业大学出版社

·徐州·

## 内 容 简 介

本书设计了一系列新型的验证型、综合型、设计型和创新型实验,涉及可再生能源的开发利用、化学储能技术、含碳资源转化、绿色催化技术和能源化工专业仪器的使用等内容。本书共六章,包含三十三个实验项目,这些实验以满足"双碳"工程人才的需求为动力,彰显新能源特色,追踪科学前沿,服务社会需求,培养学生具备"双碳"工程人才的设计、实施和研究开发能力。

本书可作为能源化学工程专业本科教学用书,也可作为化学、化工、新能源、材料类及相关专业的实验教材。

**图书在版编目(C I P)数据**

新能源化学工程专业实验 / 赵云,张丽芳主编.
徐州 : 中国矿业大学出版社,2024. 10. —ISBN 978-7-5646-6465-7

Ⅰ. TK01-33

中国国家版本馆 CIP 数据核字第 20241RJ189 号


| 书　　名 | 新能源化学工程专业实验 |
| --- | --- |
| 主　　编 | 赵　云　张丽芳 |
| 责任编辑 | 周　红 |
| 出版发行 | 中国矿业大学出版社有限责任公司 |
| | (江苏省徐州市解放南路　邮编221008) |
| 营销热线 | (0516)83885370　83884103 |
| 出版服务 | (0516)83995789　83884920 |
| 网　　址 | http://www.cumtp.com　E-mail:cumtpvip@cumtp.com |
| 印　　刷 | 苏州市古得堡数码印刷有限公司 |
| 开　　本 | 787 mm×1092 mm　1/16　**印张** 10.5　**字数** 183 千字 |
| 版次印次 | 2024 年 10 月第 1 版　2024 年 10 月第 1 次印刷 |
| 定　　价 | 32.00 元 |

(图书出现印装质量问题,本社负责调换)

# 前　言

　　能源化学工程专业，简称能化专业，是教育部于 2010 年批准的首批战略性新兴产业相关专业之一。目前国内能化专业的开办主要集中在以传统能源开发为主的西北、东北、华北地区，专业特色大多以传统资源（煤、石油、天然气）的转化利用为主。然而当前中国的能源战略正面临着重大结构转型，新能源和可再生能源逐步替代化石能源是国家能源战略发展的必然趋势。作为服务于国家战略性新兴产业而设立的能化专业，更应走在服务国家"双碳"战略需求的第一线，结合能源化工行业低碳化升级改造对"双碳"工程人才的迫切需求，建立起适应新技术、新业态的创新人才培养体系，为全社会的碳达峰、碳中和提供保障。

　　能源化学工程专业实验是专业实践教学的重要课程，实践教学是高校培养适应新世纪要求创新人才的一个有效途径。为了深入贯彻教育部"高等学校碳中和科技创新行动计划"精神，履行高校服务国家"双碳"战略需求的责任，本书重新设计了一系列的验证型、综合型、设计型和创新型实验，涉及可再生能源的开发利用、化学储能技术、含碳资源转化、绿色催化技术和专业仪器的使用等内容。这些实验以满足"双碳"工程人才的需求为动力，彰显新能源特色，追踪科学前沿，服务社会需求，培养学生具备"双碳"工程人才的设计、实施和研究开发能力。

　　本书共六章，包含三十三个实验项目。第一章是实验室安全与实验规范,介绍实验室安全制度、安全事故的预防与处理、实验课纪律与实验报告的撰写;第二章为可再生能源化工实验,涉及有机太阳能电池和钙钛矿太阳能电池的制备与表征、生物质催化转化和生物质热解相关实验;第三章为化学储能工程实验,涉及超级电容器、锂离子电池、锌离子电池、一次锌空气电池、直接甲醇燃料、可逆固体氧化物电池的制备与测试;第四章为二氧化碳化学转化实验,涉及不同类型的二氧化碳热催化、电催化和光催化转化实验;第五章为绿色化工催化实验,涉及不同种类催化剂的制备和绿色催化技术实验;第六章为仪器分析实验,包含第二~五章实验所涉及的数据分析仪器,结合典型的案例介绍仪器的原理和操作方法。

本书可作为能源化学工程专业本科教学用书,也可作为化学、化工、新能源、材料类及相关专业的实验教材。

本书由赵云和张丽芳担任主编,由朱俊生、冯锐担任副主编,实验二十六至三十三由张丽芳编写,实验六、七、八由朱俊生编写,实验十八和二四由冯锐编写,实验十二、十三由李国玲编写,实验十五、二十五由张彤编写,实验五、实验二十由冯晓博编写,实验四由呼延成编写,其余部分由赵云编写,仇乐乐对实验三、十四、十九的编写做出了重要贡献,孙瑞利对实验九、十的编写做出了重要贡献,陈婷对实验十一的编写做出了重要贡献。全书由赵云统稿。本书的编写得到了中国矿业大学化工学院能源化学工程系全体老师的支持和帮助,在此表示诚挚的谢意!

本书部分内容引用了参考文献中的内容,在此向原作者表示深深的感谢!本书得到了"中国矿业大学'十四五'规划教材"项目和中国矿业大学化工学院的资助,在此表示感谢!

由于编者水平所限,书中定有不足之处,敬请专家和广大读者不吝提出批评和建议,以促进教材质量的不断提高,在此谨致谢意。

**编 者**

2024 年 7 月

# 目　录

# 第一章　实验室安全与实验规范

## 第一节　实验室安全

### 一、实验室安全制度

（1）实验室是教学科研的重要基地，实验室的安全卫生是实验工作正常进行的基本保证。凡进入实验室工作、学习的人员必须遵守实验室安全卫生制度。

（2）实验室的剧毒、易燃、易爆、放射性等物品及贵重物资器材、大型仪器设备等由专人保管，定点定位存放和使用。保管人员按有关规定及时做好使用记录。

（3）实验操作前要进行消防安全设施、设备的检查，严禁在实验过程中违章搭、截用电。

（4）进入实验室的人员，必须遵守实验室规章制度；未经实验室或设备管理教师同意不得擅自启用实验室的设备、设施；实验操作时要服从指导，遵守相关实验和设备操作规程，不得擅离职守。

（5）实验室设备的设置和器材的存放必须遵循安全、整洁、科学、规范、文明、有序的原则。每次实验结束后必须安排值班人员打扫清洁卫生，并定期进行大扫除。进入实验室的所有人员要爱护室内公共卫生，不得在室内进食、吸烟；学生实验结束后应在实验室管理人员的指导下做好实验场所及仪具的清洁,并有序地存放好所用的设备器材,使之处于待用的正常状态。

（6）实验人员离开实验室前要检查门窗、水、电等设施的关闭情况,确认安全无误,方可离室。

（7）对发现的违反实验室安全卫生制度的各种情况,要及时向实验室教师报告。

## 二、实验室安全事故的预防与处理

### 1. 实验物品常见警告标识符号

实验物品常见警告标识符号如图 1-1-1 所示。

图 1-1-1　常见警告标识符号

### 2. 实验时的一般注意事项

实验前:预习实验内容、了解实验用品性能与注意事项;检查实验装置是否正确,检查实验仪器有无破损;检查并落实可能出现的危险和意外情况处理措施(如灭火器材、防护眼镜、急救药品)。

实验中:穿实验工作服,佩戴防护眼镜;实验产生的有毒有害气体必须经过相关处理,不得随意排放室外;实验产生的废液、废渣必须倒入指定的收集容器;在记录本上详细记录实验操作步骤和观察到的实验现象,实验一旦进行就不得随意离开；实验室内不准吸烟、喝水、进食。

实验后：关闭水、电、气体、通风开关，脱除实验服，洗手（脸）。

3. 实验室常见事故的预防及处理

（1）实验室常见事故：割伤，灼伤，中毒，着火，爆炸。

（2）割伤预防：按规则操作，不强行扳、折玻璃仪器，特别是比较紧的磨口处。尽量保证玻璃仪器的完整。注意玻璃仪器的边缘是否碎裂，小心使用。玻璃管（棒）切割后，断面应在火上烧熔以消除棱角。

（3）割伤处理：如果不慎发生割伤事故要及时处理，先将伤口处的玻璃碎片取出。若伤口不大，用蒸馏水或生理盐水洗净伤口，涂上碘伏消毒，用纱布或创可贴包扎，或涂上红药水，撒上止血粉用纱布包扎。若伤口较大或割破了主血管，则应用力按住主血管，或使用止血带防止大出血，及时送医院治疗。

（4）灼伤预防：皮肤接触高温（如热的物体、火焰、蒸气）、低温（如固体二氧化碳、液氮）、腐蚀性物质（如强酸、强碱、溴等）都会造成灼伤。因此，实验时，要避免皮肤与上述能引起灼伤的物质接触。取用有腐蚀性化学药品时，应戴上橡胶手套和防护眼镜。

（5）灼伤处理：根据不同的灼伤情况需采取不同的处理方法。被酸或碱灼伤时，应立即用大量水冲洗。酸灼伤用 1% 碳酸钠溶液冲洗；碱灼伤则用 1% 硼酸溶液冲洗。最后再用水冲洗。严重者要消毒灼伤面，并涂上软膏，送医院就医。被溴灼伤时，应立即用 2% 硫代硫酸钠溶液洗至伤处呈白色，然后用甘油加以按摩。如被灼热的玻璃或铁器烫伤，轻者立即用冷自来水冲伤口数分钟或用冰块敷伤口至痛感减轻；较重者可在患处涂以烫伤软膏，并送医院就医。除金属钠外的任何药品溅入眼内，都要立即用大量水冲洗。冲洗后，如果眼睛未恢复正常，应马上送医院就医。

（6）中毒预防：化学药品大多具有不同程度的毒性，产生中毒的主要原因是皮肤或呼吸道接触有毒药品。在实验中，防止中毒要切实做到以下几点：药品不要沾在皮肤上，尤其是极毒的药品。实验完毕后应立即洗手。称量任何药品都应使用工具，不得用手直接接触。使用和处理有毒或腐蚀性物质时，应在通风柜中进行，并戴上防护用品，尽可能避免有机物蒸气扩散在实验室内。对沾染过有毒物质的仪器和用具，实验完毕应立即采取适当方法处理以破坏或消除其毒性。不要在实验室进食、饮水,食物在实验室易沾染有毒的化学物质。

(7)中毒处理:一般药品溅到手上,通常是用水和乙醇洗去。实验时若有中毒特征,应到空气新鲜的地方休息,最好平卧。出现其他较严重的症状,如斑点、头昏、呕吐、瞳孔放大时应及时送往医院。

(8)着火预防:不能用烧杯或敞口容器盛装易燃物。加热时,应根据实验要求及易燃烧物的特点选择热源,注意远离明火。严禁用明火进行易燃液体(如乙醚)的蒸馏或回流操作。尽量防止或减少易燃气体的外逸,倾倒时要熄灭火源,且注意室内通风,及时排出室内的有机物蒸气。严禁将与水有猛烈反应的物质倒入水槽中,如金属钠,切忌养成一切东西都往水槽里倒的习惯。注意一些能在空气中自燃的试剂的使用与保存(如煤油中的钾、钠和水中的白磷)。

(9)着火处理:实验室如果发生了着火事故,首先应保持沉着镇静,切忌惊慌失措。应及时采取措施,防止事故扩大。首先,立即熄灭附近所有火源,切断电源,移开未着火的易燃物。然后,根据易燃物的性质和火势设法扑灭火源。地面或桌面着火,如火势不大,可用淋湿的抹布来灭火;反应瓶内有机物着火,可用石棉板或湿布盖住瓶口,火即熄灭;身上着火时,切勿在实验室内乱跑,应就近卧倒,用石棉布等把着火部位包起来,或在地上滚动以灭火焰。不管用哪一种灭火器都是从火的周围开始向中心扑灭。水在大多数场合下不能用来扑灭有机物的着火。因为一般有机物都比水轻,泼水后,火不但不熄,反而漂浮在水面燃烧,火随水流而蔓延。常用灭火器种类见表1-1-1。图1-1-2所示为灭火器的使用方法。

表 1-1-1　常用灭火器种类

| 名　称 | 药液成分 | 适用范围 |
|---|---|---|
| 泡沫灭火器 | $Al_2(SO_4)_3$ 和 $NaHCO_3$ | 用于一般失火及油类着火。因为泡沫能导电,所以不能用于扑灭电器设备着火。灭火后现场清理较麻烦 |
| 四氯化碳灭火器 | 液态 $CCl_4$ | 用于电气设备及汽油、丙酮等着火。四氯化碳在高温下生成剧毒的光气,不能在狭小和通风不良实验室使用。注意四氯化碳与金属钠接触将发生爆炸 |
| 1211灭火器 | $CF_2ClBr$ 液化气体 | 用于油类、有机溶剂、精密仪器、高压电气设备着火 |

表 1-1-1(续)

| 名　　称 | 药液成分 | 适用范围 |
|---|---|---|
| 二氧化碳灭火器 | 液态 $CO_2$ | 用于电器设备失火及忌水的物质及有机物着火。注意喷出的二氧化碳使温度骤降,手若握在喇叭筒上易被冻伤 |
| 干粉灭火器 | $NaHCO_3$ 等盐类与适宜的润滑剂和防潮剂 | 用于油类、电器设备、可燃气体及遇水燃烧等物质着火 |

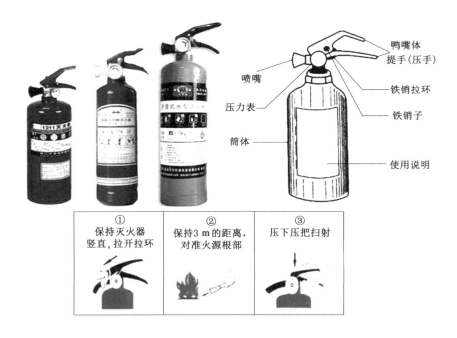

图 1-1-2　灭火器的使用方法

（10）爆炸预防:不允许随意混合各种化学药品;混有空气的不纯氢气、CO 等遇火易爆炸;有些有机化合物遇氧化剂时易发生猛烈爆炸或燃烧;在室温时就具有较大的蒸气压的某些易燃溶剂的蒸气达到某一极限时,遇有明火即发生燃烧爆炸。

（11）开启贮有挥发性液体的瓶塞和安瓿时,必须先充分冷却,开启时瓶口必须指向无人处;不能研磨某些强氧化剂(如氯酸钾、硝酸钾、高锰酸钾等)或其混合物;为防止爆沸危险,常压蒸馏或回流要加沸石或搅拌;减压蒸馏要装毛细管或搅拌;常压操作时,不可造成密闭体系;减压操作时,不可用平底瓶;加压操作时,要有一定的防护措施;存放药品时,应将强氧化剂和一般化学试剂分开存放。常压操作加热反应时,切勿在封闭系统内进行。在反应进行时,必须经常检查仪器装置的各部分有无堵塞现象。减压蒸馏时,不得使用机械强度不大的仪器(如锥形瓶、平底烧瓶、薄壁试管等)。必要时,要戴上防护面罩或防护眼镜。使用易燃易爆物(如氢气、乙炔和过氧化物)或遇水易燃烧爆炸的物质(如钠、钾等)时,应特别小心,严格按操作规程办事。若反应过于猛烈,要根据不同情况采取冷冻和控制加料速度等。

# 第二节  实 验 规 范

## 一、实验课纪律

(1)遵守实验室的一切规章制度,按时上课。

(2)安全实验是实验的基本要求。在实验前,学生必须阅读实验安全制度,了解实验室的安全及一些常用仪器设备,在进行每个实验前还必须认真预习有关实验内容,明确实验的目的和要求,了解实验的基本原理、内容和方法,写好实验预习报告,了解所用药品和试剂的毒性和其他性质,牢记操作中的注意事项,安排好当天的实验。

(3)在实验过程中应养成细心观察和及时记录的良好习惯,凡实验所用物料的质量、体积以及观察到的现象和温度等有关数据,都应立即如实地填写在记录本中。实验结束后,记录本须经教师签字。

(4)实验中应保持安静和遵守秩序,思想要集中,操作认真,不得擅自离开,尤其是在实验进行中,注意安全,严格按照操作规程和实验步骤进行实验,发生意外事故时,要镇静,及时采取应急措施,并立即报告指导教师。

(5)爱护公物、公用仪器及药品,用后立即归还原处,以免影响别的同学使用。加完试剂后,应盖好瓶盖,以免试剂被污染或挥发,严格控制药品的用量。产品要回收。如有异味或有毒物质必须在通风橱中进行。

(6)保持实验室整洁,实验时做到台面、地面、水槽、仪器干净。拿出本次实验要用的仪器,整齐有序地放在实验台上,以免损坏。使用过的仪器应及时洗净。所有废弃的固体和滤纸等应丢入废物桶内,决不能丢入水槽以免堵塞。实验完毕后应把实验台整理干净,关好水电等。

（7）实验室的卫生由同学轮流值日,值日生的职责为整理公用仪器,打扫实验室,清理废物桶,检查和关好水、电、门窗。

## 二、实验报告的撰写

### 1. 实验报告的内容

实验报告的内容包括实验目的、实验原理、实验所需主要物料及产物的物理常数、实验装置图、实验步骤和现象记录、实验结果与讨论、实验小结。

实验步骤和现象记录格式见表 1-2-1。

表 1-2-1　实验步骤和现象记录格式

| 实验步骤 | 现　象 |
| --- | --- |
| 按顺序分步详细列出 | 每位同学观察到的现象不尽相同,需仔细记录,每步骤的现象与左边步骤对齐 |

### 2. 实验小结的重要性

对于同一个实验,由于每位同学对理论知识及实验操作掌握程度的不同,同时每人对实验的理解也存在差异,因此每位同学观察到的实验现象都是不完全相同的,都会出现一些独有的现象,这需要在实验报告中进行总结。

实验小结的重要性在于:通过对自己实验过程的回顾,可以发现自己在实验中的不足之处,防止以后出现相同的错误。同时可以加深对实验相关理论知识及实践操作的认识,巩固学习效果。

# 第二章 可再生能源化工实验

## 实验一 真空蒸发镀膜及薄膜电阻率测定

### 一、实验目的

（1）掌握真空蒸发法制备薄膜的工艺；

（2）了解真空蒸发镀膜的原理；

（3）学会四探针法测试薄膜电阻率。

### 二、实验原理

高真空热蒸发复合薄膜沉积系统可镀制各种单层膜、多层膜、掺杂膜等。它是在高真空条件下，通过加热材料的方法，在衬底上沉积各种有机材料、金属材料、无机材料的单层或多层膜的设备，适用于制备金属单质膜、半导体膜、有机功能膜等。该设备由薄膜沉积室、真空获得系统、真空测量系统、样品台、金属蒸发源组件、有机蒸发源组件、掩膜机构、烘烤照明系统、冷却循环系统、膜厚监测系统、安全保护报警系统等组成。

蒸发镀膜是在真空中通过电流加热、电子束轰击加热和激光加热等方法，使薄膜材料蒸发成原子或分子，它们随即以较大的自由程做直线运动，碰撞基片表面而凝结，形成薄膜。要求镀膜室里残余分子的自由程大于蒸发源到基片的距离，保证镀膜的纯净和牢固。对于蒸发源到基片距离为

0.15～0.25 m 的镀膜装置,真空度必须在 $10^{-2}～10^{-4}$ Pa 之间才能满足。

真空蒸镀仪示意图如图 2-1-1 所示。

图 2-1-1 真空蒸镀仪

材料饱和蒸气压随温度的上升而迅速增大,所以实验时必须控制好蒸发源温度。蒸发镀膜常用的加热方法是电阻大电流加热,加热材料采用钨、钼、铂等高熔点的金属。真空镀膜时,飞抵基片的气化原子或分子,一部分被反射,一部分被蒸发离开,剩下的或者结合在一起,再捕获其他原子或分子,使得自己增大;或者单个原子或分子在基片上自由扩散,逐渐生长,覆盖整个基片,形成镀膜。注意的是基片的清洁度和完整性将影响镀膜的形成速率和质量。

四探针扫描测试仪(图 2-1-2)是运用四探针测量原理测试导体、半导体材料电阻率/方块电阻的多用途综合测量仪器。仪器由主机、选配的四探针探头和测试台等三部分组成。

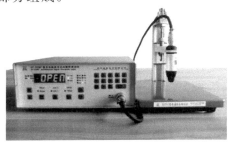

图 2-1-2 四探针扫描测试仪

电阻率:当某种材料截成正方体时,平行对面间的电阻值只与材料的类别有关,而与正方形边长无关,这种单位体积的阻值可反映材料的导电特性,称为电阻率(体电阻率)。用符号 $\rho$ 表示,标准单位 $\Omega \cdot m$,常用单位 $\Omega \cdot cm$。

方块电阻:薄膜类导体、半导体材料截成薄层正方形时,平行对边间的电阻值只与材料的类别(电阻率)和厚度有关,而与正方形边长无关,这种单位面积的对边间的阻值可反映薄膜的导电特性和厚度信息,称为方块电阻,简称方阻。用符号 $R_\square$ 表示,标准单位:$\Omega/\square$,也可用 $\Omega/sq$ 表示。

### 三、仪器与试剂

超声波清洗仪、真空蒸镀仪、四探针扫描测试仪、玻璃基片、铝丝、无水乙醇、去离子水。

### 四、实验步骤

(1)用超声波清洗仪清洗玻璃基片,玻璃基片烘干后装入真空蒸镀仪的样品架。将铝丝用无水乙醇清洗,放入金属蒸发舟中,关好挡板,关闭真空蒸镀仪腔门。

(2)打开真空蒸镀仪总电源、循环水开关、分子泵电源。确认腔体关闭、放气阀关闭。打开真空计、机械泵,再打开顶抽阀。等真空计显示 20 Pa 以下,手动关闭顶抽阀,打开前级阀、闸板阀。打开分子泵,等待启动,抽真空,达到 $10^{-4}$ Pa 以下时再蒸镀。

(3)打开膜厚检测仪、金属蒸发舟电源,调整电源,控制蒸发速度,打开挡板,开始蒸镀,记录真空度和膜厚检测仪的变化。

(4)蒸镀完成后,冷却半个小时,关闭闸板阀、分子泵、膜厚检测仪、真空泵,等分子泵指示表降为 0,关闭前级阀。打开放气阀,充气完毕后,打开真空蒸镀仪,取出基片样品。

(5)关闭真空蒸镀仪腔门、放气阀,打开顶抽阀,等真空计显示 20 Pa 以下,手动关闭顶抽阀、机械泵、真空计、真空蒸镀仪总电源及循环水。

(6)电阻率测试:连接四探针扫描测试仪测试探头,打开电源,按下"模式"键,进入"设定"模式,进行修正系数设定,按下"类别"键选取测试类别,将测试台上部操作扳手向上向后,向上升起测试台探头将样品放在探头下方测试台板上,然后将测试台上部操作扳手向前向下,压下探头。按下"回路"键,模式切换至"测试"状态,开始测试。在数字显示窗读出读数和单位,记录数据。测好后,抬起探头,移开样片。

### 五、数据记录及处理

记录蒸镀真空度、蒸发时间、膜厚检测仪数值、薄膜方块电阻和电阻率。

### 六、思考题

(1) 为什么蒸镀过程中真空管室的压强会产生变化?

(2) 蒸镀的速度快慢会对材料产生什么影响?

(3) 四探针法测量材料电阻的原理是什么?

# 实验二　有机聚合物太阳能电池的制备和测试

### 一、实验目的

(1) 掌握有机太阳能电池的工作原理和器件结构;

(2) 学会制备有机太阳能电池的方法;

(3) 学会测试、分析有机太阳能电池的性能。

### 二、实验原理

有机太阳能电池具有无机太阳能电池所无法比拟的优点:① 可制备在柔性衬底上;② 可采用印刷或打印的方式实现工业化生产;③ 可大面积制备;④ 较低的生产成本;⑤ 绿色能源,无环境污染。正是这些显著的特点,有机太阳能电池的研究受到了越来越多的关注。

有机太阳能电池的一般结构如图 2-2-1 所示,基底采用玻璃或者透明的塑料,在基底上活性层像三明治一样夹在阳极和阴极之间。照在器件上的光通过玻璃和阳极被活性层吸收,到达阴极时被阴极反射,这样活性层没有吸收的光可以被阴极反射回去再被活性层二次吸收。

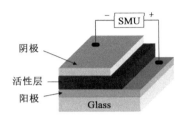

图 2-2-1　典型的有机太阳能电池器件构造

有机太阳能电池光电流的产生主要分为四个步骤:在光照下吸收光子产生激子、激子的扩散、激子分离产生电荷、电荷被电极收集形成光电压。有机半导体中,光吸收产生的是激子(被库仑力束缚的电子-空穴对),为了产生自由的电荷,激子必须分离。在高的电场下、在缺陷部位或者在具有有效能级差的两种材料的界面处可以发生激子分离。分离之后的空穴和电子分别传输到两个电极上,形成光电压,如图 2-2-2 所示。

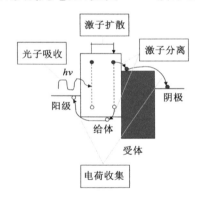

图 2-2-2　有机太阳能电池光电流产生过程示意图

1995 年,G. Yu 等将共轭聚合物(MEH-PPV)和富勒烯($C_{60}$)的衍生物(PCBM)按一定的比例共混制备活性层,这样 MEH-PPV 和 PCBM 就形成一个互穿的网络结构,这种在电子给体(D)和电子受体(A)材料之间形成的大表面积的贯穿整个活性层的异质结结构称为体异质结结构。其尺寸在几个至几十纳米之间,这样,在活性层内任何一处形成的激子都可以在其扩散长度之内到达界面处分离形成电荷,然后电荷在各自连续的网络内传输至电极,这种结构的发明使得有机太阳能电池的效率得到了飞速的提高。

相对于其他聚合物半导体材料来说，立构规整的聚 3-己基噻吩(P3HT)具有高的电荷迁移率和较窄的禁带宽度，同时具有良好的自组装特性，是一种优良的有机太阳能电池电子给体材料。以 P3HT 为电子给体材料，富勒烯 $C_{60}$ 的衍生物[6,6]-苯基-C61-丁酸甲酯(PCBM)为电子受体材料，组成的给体/受体体系是备受关注的研究体系，P3HT 和 PCBM 的分子结构分别如图 2-2-3 所示。在电池器件中还使用了一种界面层 PEDOT：PSS，分子式如图 2-2-3 所示。它具有双重的作用：首先，它可以使电池阳极氧化铟锡(ITO)的表面更平坦，防止毛刺状的 ITO 尖峰在阴极和阳极之间形成短路，尤其是在活性层比较薄的情况下，这种短路情况更容易发生；其次，PEDOT：PSS具有比 ITO 更高的功函(5.0 eV)，可以与给体聚合物的 HOMO能级发生更好的匹配，降低电荷注入势垒，提高空穴收集效率。

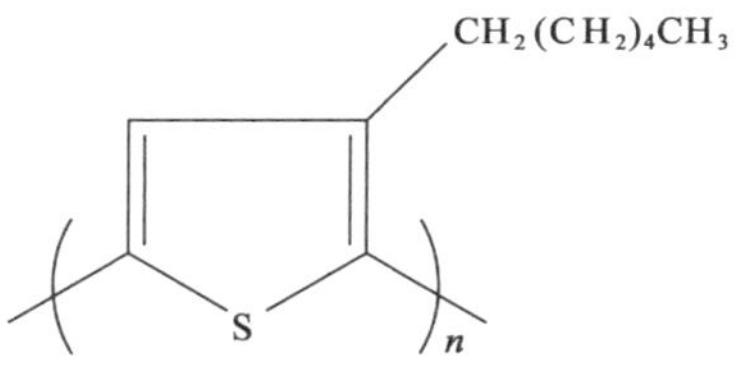


P3HT

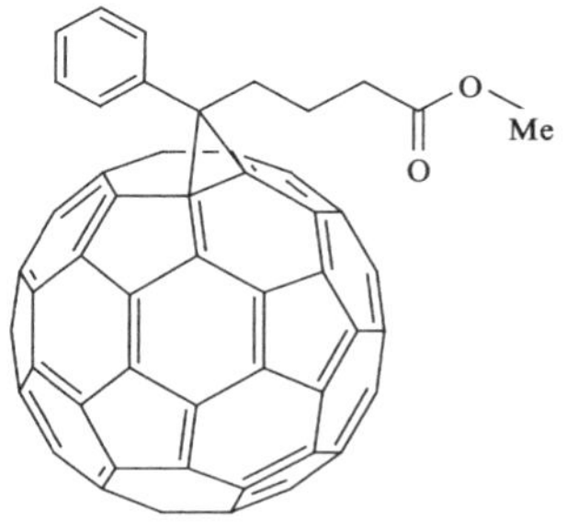


PCBM

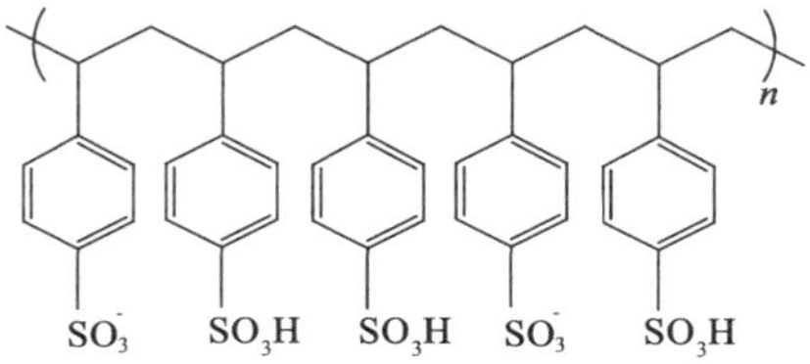


PSS

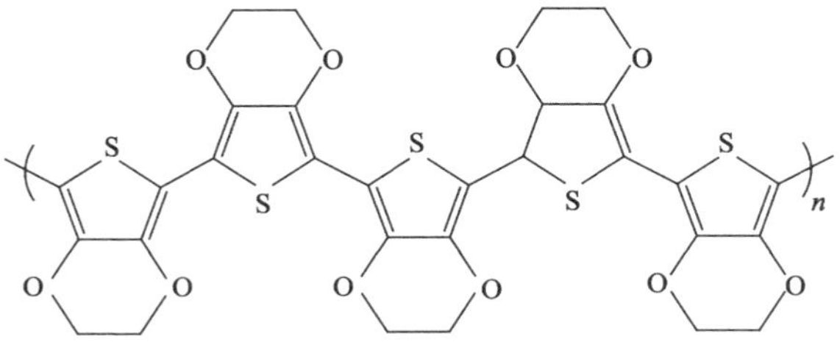


PEDOT

图 2-2-3　P3HT、PCBMP、PEDOT：PSS 的分子结构

太阳能电池在光照情况下的伏安特性曲线如图 2-2-4 所示,曲线上有一些重要的点,它们用来描述太阳能电池的输出特性以及计算太阳能电池的能量转换效率。

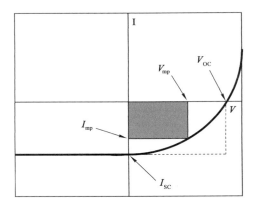

图 2-2-4　太阳能电池在光照下的伏安特性曲线

曲线和电流坐标轴的交点为短路电流($I_{\mathrm{SC}}$),短路电流是太阳能电池在没有额外偏压给定光照强度情况下,电池所能输出的最大光电流,此时,电池的输出电压为零。曲线和电压坐标轴的交点为开路电压($V_{\mathrm{OC}}$),开路电压是电池所能输出的最大光电压,此时,电池的输出电流为零。$I_{\mathrm{mp}}$ 和 $V_{\mathrm{mp}}$ 为太阳能电池最大能量输出点对应的电流电压。计算太阳能电池在 $I_{\mathrm{SC}}$ 和 $V_{\mathrm{OC}}$ 之间每一个点的能量输出 $P(P=I \cdot V)$,找到一个最大值 $P_{\max}$,就可以得到 $I_{\mathrm{mp}}$ 和 $V_{\mathrm{mp}}$。另外一个描述光伏电池性能的重要参数为填充因子($FF$),可用如下公式来计算:

$$FF = \frac{P_{\max}}{I_{\mathrm{SC}} \cdot V_{\mathrm{OC}}} = \frac{I_{\mathrm{mp}} \cdot V_{\mathrm{mp}}}{I_{\mathrm{SC}} \cdot V_{\mathrm{OC}}}$$

填充因子 $FF$ 为最大能量输出点对应的矩形面积和 $I_{\mathrm{SC}} V_{\mathrm{OC}}$ 对应的矩形面积的比值,因此填充因子能够反映太阳能电池电流-电压特性。一般来说,填充因子越大,太阳能电池的能量转换效率越高。太阳能电池的整体效率称为能量转换效率,可用 $\eta$ 或 PCE 表示。它是太阳能电池在最大能量点输出的电能与入射的光能的比值。它可以从短路电流($I_{\mathrm{SC}}$)、开路电压($V_{\mathrm{OC}}$)和填充因子 $FF$ 计算得到:

$$\eta = \frac{P_{\text{electric}}}{P_{\text{light}}} = \frac{FF \cdot V_{\text{OC}} \cdot I_{\text{SC}}}{P_{\text{light}}}$$

### 三、仪器与试剂

电子分析天平、烘箱、匀胶机、热台、磁力搅拌器、真空蒸镀仪、太阳光模拟器、太阳能电池测试系统、手套箱、ITO 玻璃、P3HT、PCBM、PEDOT：PSS、氯苯、铝丝等。

### 四、实验步骤

1. 有机太阳能电池器件的制备

将刻蚀好的具有一定宽度的细条状 ITO 导电玻璃清洗干净并烘干。将干净的 ITO 玻璃放置在匀胶机的托架上,将过滤好的 PEDOT：PSS 溶液均匀涂满整个片子,控制转速和时间使 PEDOT：PSS 在 ITO 玻璃表面形成一层均匀的 30 nm 厚薄膜,再放入 120 ℃的烘箱内烘 30 min 备用。

将称好的 P3HT 在氮气手套箱中溶于精制的氯苯中,隔夜搅拌使其充分溶解。配制 P3HT 和 PCBM 混合溶液时,先分别配制各自的溶液,待各自完全溶解之后,再将两者混合,搅拌均匀备用。把涂有 PEDOT：PSS 膜的 ITO 玻璃趁热的时候转移至氮气手套箱中,冷却后,放置在匀胶机的托架上,再将溶解好的溶液经过滤器过滤后均匀涂满整个 ITO 片子,设置旋涂时间 1 min,旋涂后使混合物在 ITO 玻璃表面形成一层均匀的薄膜,控制溶液的浓度和匀胶机的转速就可以得到不同厚度的活性层薄膜。

将旋涂完的片子放入真空镀膜机腔内抽真空。在低于 $5 \times 10^{-4}$ Pa 的真空度下进行蒸镀,薄膜厚度和沉积速率通过膜厚检测仪来进行监控和检测。金属电极采用掩模板技术制作,制作时使金属电极与 ITO 形成十字交叉结构,获得器件的有效面积。金属 Al 阴极的蒸镀速率一般为 0.3～1.0 nm/s,厚度控制在 100 nm。

热退火的处理有两种方式:一种方式是在真空腔中对片子进行加热,这种方式升温和降温速度都比较慢;另一种方式是在手套箱中对片子进行加热,当热台升到指定温度后,把片子放到热台上加热,一定时间后拿离热台冷却,这种方式升温和降温速度都比较快。

2. 有机太阳能电池性能测试

打开太阳能模拟器主机开关及配套软件,打开光源,待仪器稳定 15 min。用电池测试夹具夹住电池的两极,开启测试电脑,打开数字源表的开关,点击电脑桌面上的测试软件,逐步设置各项参数。输入电池的实际面积值和要施加的偏压值要分别在 0 点的两侧,要涵盖开路电压的值。确认参数设置后,点击软件中的测试键,这时模拟器的快门自动打开,有光斑输出,进行扫描,测得光电流曲线,如图 2-2-4 所示。再在暗场下进行扫描,测得暗电流曲线。测试结束时,软件会给出该电池各项性能指标值。实验结束后退出软件,关闭光源,再关闭数字源表的开关。待模拟器主机的冷却风扇自动停止转动后方可关闭模拟器电压开关,然后关闭电源开关,最后切断总电源。

## 五、数据记录及处理

通过太阳能电池测试电池的 $I$-$V$ 特性曲线,记录开路电压($V_{OC}$)、短路电流密度($J_{SC}$)和填充因子值($FF$)于表 2-2-1 中。评估不同制备工艺条件和后处理方法对太阳能电池的光电性能的影响。

**表 2-2-1　数据记录表**

| 条件 | $V_{OC}/V$ | $J_{SC}/(mA/cm^2)$ | $\eta/\%$ | $FF$ |
|---|---|---|---|---|
|  |  |  |  |  |
|  |  |  |  |  |
|  |  |  |  |  |

## 六、思考题

(1) 影响有机太阳能电池光电转化效率的主要因素有哪些?

(2) 影响有机太阳能电池填充因子的因素有哪些?

(3) 有机太阳能电池和无机太阳能电池相比有哪些优势和局限性?

# 实验三　钙钛矿太阳能电池的制备和测试

## 一、实验目的

（1）了解钙钛矿太阳能电池的工作原理和器件结构；
（2）掌握钙钛矿薄膜和太阳能电池的制备方法；
（3）掌握钙钛矿太阳能电池性能评价的基本方法。

## 二、实验原理

钙钛矿太阳能电池主要是指使用一类具有结构通式 $ABX_3$ 的有机无机金属卤化物半导体材料作为光吸收层的太阳能电池器件。钙钛矿结构如图 2-3-1所示，其中 A 指的是一价阳离子，比如甲脒离子（$^+H_2N\!=\!CH\!-\!NH_2$，$FA^+$）、甲铵离子（$CH_3NH_3^+$，$MA^+$）、铯离子（$Cs^+$）等；B 指的是二价的铅离子（$Pb^{2+}$）、锡离子（$Sn^{2+}$）等；X 一般指卤素阴离子。通过调节 A、B 和 X 的组成和比例可以获得不同结构和性质的钙钛矿半导体材料，比如 $MAPbI_3$、$FAPbI_3$、$Cs_xMA_yFA_{1-x-y}PbI_zBr_{3-z}$ 等。

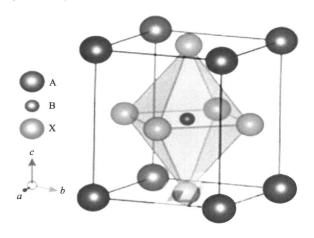

图 2-3-1　钙钛矿结构

钙钛矿太阳能电池是目前最具商业化应用潜力的太阳能电池,其实验室认证光电转化效率接近晶体硅太阳能电池,这主要得益于钙钛矿材料优异的光电性质,例如高吸光系数、高载流子迁移率和长载流子扩散长度等。钙钛矿材料的能带结构主要由 B 位和 X 位的轨道构成,A 位离子主要起到维持晶格电荷平衡的作用,不会对材料的能带结构产生重要影响。但是 A 位离子的大小会引起晶格的膨胀或收缩,从而改变 B—X 的键长,进而对带隙产生影响。因此,选择不同类型的离子和比例可以获得不同结构和性质的钙钛矿材料,从而满足单结或叠层等多种器件的需求。

除了钙钛矿光吸收层之外,器件组成一般还包括 ITO 或 FTO 导电玻璃基底、电子传输层(ETL)、空穴传输层(HTL)和金属电极等(图 2-3-2)。钙钛矿太阳能电池的器件结构大致分为三种:n-i-p 型介孔结构、n-i-p 型平面异质结结构和 p-i-n 型倒置结构,其中 n 指 n 型半导体,i 指钙钛矿层,p 指 p 型半导体。介孔结构和平面异质结结构的区别在于有无介孔层支架。制备介孔层支架的材料可以是传输电子的半导体型材料(如 $TiO_2$、ZnO 等),也可以是电绝缘的材料(如 $Al_2O_3$、$SiO_2$ 等)。介孔支架的存在能够改善钙钛矿薄膜的制备质量及电子传输层与钙钛矿层之间的界面接触,但是增加了器件制备的工艺流程。倒置器件结构为空穴传输层的制备和优化提供了更大的空间,尤其适合叠层器件的开发。无论是哪种结构的钙钛矿太阳能电池,其工作原理与有机太阳能电池都是类似的,大致可分为光吸收产生载流子的过程以及载流子分离传输的过程。

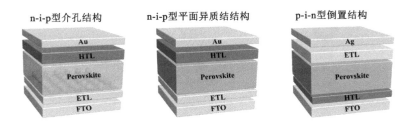

图 2-3-2    钙钛矿太阳能电池的器件结构示意图

高质量的钙钛矿薄膜是保障电池稳定运行和光电转化的基础,理解和开发钙钛矿薄膜的制备工艺对于提高电池的性能至关重要。现阶段,钙钛矿薄膜的制备方法主要分为气相沉积法和溶液沉积法。其中一步溶液沉积法是指将金属卤化物与有机铵盐(或卤化铯)等按照一定比例溶解在适当的极性溶剂中配制成前驱体溶液,再将其沉积在基底上形成钙钛矿薄膜的方法。实验室中主要通过匀胶机旋涂获得钙钛矿薄膜,在旋涂过程中或旋涂后通常引入不良溶剂或反溶剂,使薄膜中钙钛矿材料的过饱和度迅速升高,成核速率大于晶体生长速率,因而可以形成致密的多晶薄膜。旋涂过程中,随着溶剂挥发,溶液逐渐饱和,通过加热基底、滴加反溶剂、减压处理或者吹扫气体都可以进一步加快溶剂挥发,提高过饱和度,从而获得理想的钙钛矿薄膜。两步溶液沉积法一般是指先制备一层金属卤化物的前驱膜,之后将前驱膜与有机铵盐等进行原位反应获得钙钛矿薄膜的方法。该方法可以很好地控制薄膜的形貌和均一度,但是需要考虑反应过程中的传质和反应完整度问题。

### 三、仪器与试剂

电子分析天平、烘箱、超声波清洗机、紫外臭氧处理机、匀胶机、热台、磁力搅拌器、真空蒸镀仪、太阳光模拟器、太阳能电池测试系统、紫外-可见分光光度计、电化学工作站、ITO 玻璃、二氧化锡水胶体分散液、碘化铅、甲基碘化铵、$N,N$-二甲基甲酰胺、二甲基亚砜、乙酸乙酯、Spiro-OMeTAD、Li-TFSI、FK209、乙腈、4-叔丁基吡啶、银丝等。

### 四、实验步骤

1. 导电玻璃的清洗和预处理

首先将导电玻璃基片依次使用洗涤剂、去离子水、丙酮和异丙醇超声 20 min,使用压缩空气吹干或者烘干,使用前通过等离子体清洗机或紫外臭氧处理机进行预处理。

2. 电子传输层的制备

将二氧化锡水胶体分散液与去离子水按照体积比 1∶4 配置成前驱液,超声 30 min 后用匀胶机旋涂在干净的导电玻璃基底上,旋涂程序为 3 000 r/min 下持续 30 s,将制备完成的玻璃片置于 150 ℃的热台上加热 30 min。

3. 钙钛矿层的制备

一步溶液沉积法:分别称取 553.2 mg 碘化铅和 189.6 mg 甲基碘化铵溶解在 800 $\mu$L 的 $N,N$-二甲基甲酰胺和 200 $\mu$L 的二甲基亚砜溶液中,搅拌溶解后旋涂在制备好电子传输层的导电玻璃基底上,旋涂程序为 5 000 r/min 下持续 30 s,在靠近旋涂结束 5 s 时,在玻璃基底正中心滴加 200 μL 的乙酸乙酯获得钙钛矿前驱膜,随后即刻在 100 ℃的热台上加热 20 min。

两步溶液沉积法:称取 462 mg 碘化铅溶解在 800 μL N,N-二甲基甲酰胺和 200 μL 二甲基亚砜溶液中,搅拌溶解后旋涂在制备好电子传输层的导电玻璃基底上,旋涂程序为两段,2 000 r/min 下持续 5 s,5 000 r/min 下持续 5 s。将制备好的碘化铅前驱膜置于 70 ℃的热台上加热 10 min。基底冷却后,滴加 60 μL 甲基碘化铵溶液(8 mg/mL 异丙醇溶液),静置 30 s 后在 3 500 r/min 转速下旋涂 20 s,随后即刻在 100 ℃的热台上加热 20 min。

4. 空穴传输层的制备

称取 72.3 mg Spiro-OMeTAD 溶于 1 mL 氯苯中,溶解后加入 17.5 μL Li-TFSI 的乙腈溶液、26.6 μL FK209 的乙腈溶液和 28.8 μL 4-叔丁基吡啶,搅拌均匀后备用。Li-TFSI 浓度为 520 mg/mL,FK209 的浓度为 300 mg/mL。将一定量的上述溶液在 4 000 r/min 转速下旋涂 20 s。

5. 金属电极的制备

使用真空蒸镀仪在 $5 \times 10^{-4}$ Pa 下加热熔化银丝,以约 0.3 Å/s 的速率进行电极蒸镀,厚度控制在 60~100 nm,完成后进行相关测试。

6. 薄膜光吸收和带隙宽度测试

将使用不同方法制备的钙钛矿薄膜通过紫外-可见分光光度计在 200~850 nm 范围内进行测试,评估不同钙钛矿薄膜的光吸收情况,计算钙钛矿薄膜的带隙宽度。

7. 器件的光电转化效率及性能评价测试

将制备的电池放在太阳光模拟器下,在一个标准太阳光下测试,获得开路电压、短路电流密度、填充因子和光电转化效率等数据。测试器件暗态下的电流-电压特性曲线和电化学阻抗谱评估器件性能。

## 五、数据记录及处理

1. 钙钛矿薄膜带隙宽度的计算

根据库贝尔卡-蒙克(Kubelka-Munk)理论($\alpha h\nu = B(h\nu - E_g)^2$)计算钙钛矿薄膜的带隙宽度,其中 $\alpha$ 是吸光系数,$h$ 是普朗克常数,$\nu$ 是频率,$E_g$ 是能带宽度。由朗伯比尔定律可知 $A=\alpha bc$，其中 $b$ 是比色皿或者测试薄膜样品的厚度，$c$ 是样品浓度，$bc$ 可以看成常数 $K$，因此可以变换得到 $(\frac{Ah\nu}{K})^{1/2}=h\nu-E_g$，以 $h\nu$ 为横坐标，$(Ah\nu)^{1/2}$ 为纵坐标，作图，作切线后可以得到 $E_g$。

2. 钙钛矿太阳能电池光电转化效率测试

通过太阳能电池测试电池的 $I$-$V$ 特性曲线，记录开路电压、短路电流密度和填充因子值于表 2-3-1 中，评估不同制备工艺条件对太阳能电池光电性能的影响。

表 2-3-1　数据记录表

| 条件 | $V_{OC}/V$ | $J_{SC}/(mA/cm^2)$ | $\eta/\%$ | $FF$ |
|------|------------|---------------------|-----------|------|
|      |            |                     |           |      |
|      |            |                     |           |      |
|      |            |                     |           |      |

3. 钙钛矿太阳能电池的性能评价

通过电化学工作站测试器件的暗态 $I$-$V$ 特性曲线和电化学阻抗谱，分析影响器件性能的主要因素。

**六、思考题**

（1）影响钙钛矿薄膜制备质量的因素有哪些？如何提高钙钛矿薄膜的制备质量？

（2）影响钙钛矿太阳能电池光电转化效率的主要因素有哪些？如何提高电池的光电转化效率？

（3）钙钛矿太阳能电池有哪些优势和局限性？

# 实验四　葡萄糖催化转化制备 5-羟甲基糠醛

**一、实验目的**

（1）了解葡萄糖脱水制备 5-羟甲基糠醛反应机理；

（2）掌握多次萃取分离技术；

（3）认识生物质催化转化的意义。

## 二、实验原理

生物质资源是自然界中唯一可再生的有机碳资源，木质纤维素又是生物质资源中最便宜、最丰富的非粮资源。木质纤维素主要由纤维素（40％～50％）、半纤维素（25％～35％）和木质素（15％～20％）三部分组成。将含量最多的纤维素水解为葡萄糖再转化为多种高附加值化学品和燃料是生物质资源化与能源化利用的重要方式。

5-羟甲基糠醛（HMF）是一种由葡萄糖或果糖脱水生成的化学物质，分子中含有一个呋喃环、一个醛基和一个羟甲基。生物基平台化合物大多呈链状形态，而 HMF 是唯一一种具有环状结构的生物基平台化合物，相比于链状的平台化合物，其结构稳定性更好，强度更高。HMF 经氧化可以制备 2,5-呋喃二甲酸（FDCA），可取代石油基单体对苯二甲酸，与乙二醇反应制备生物基可降解聚酯 PEF，是最具工业化前景的生物质利用新途径。

HMF 最早由果糖脱水获得。2007 年，科学家在 *Science* 上发表论文，证明在 $CrCl_2$ 与离子液体体系中，葡萄糖可以一步转化生成 HMF。反应是葡萄糖先异构化生成五碳糖果糖，再脱水生成 HMF，收率达到 70％。图 2-4-1 所示为分别采用果糖或葡萄糖脱水反应制备 HMF。

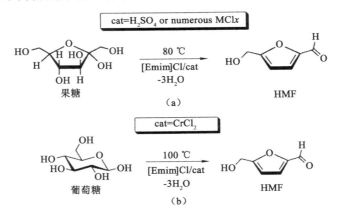

图 2-4-1　果糖与葡萄糖脱水反应制备 HMF

### 三、仪器与试剂

电子分析天平、加热磁力搅拌器、真空泵、圆底烧瓶、分液漏斗、超声波清洗机、旋转蒸发仪、砂芯漏斗、葡萄糖、氯化亚铬、乙酸乙酯、离子液体 [Emim]Cl、去离子水、无水硫酸镁。

### 四、实验步骤

（1）取 6.8 mg 氯化亚铬（$CrCl_2$ 为葡萄糖用量的 10%）置于单口圆底烧瓶中，加入离子液体 [Emim]Cl(1.0 g)，磁力搅拌，150 ℃下真空预处理 4 h。冷却到室温后，准确称取葡萄糖 100 mg 加入烧瓶中，100 ℃下搅拌反应 3 h。

（2）反应完成后在圆底烧瓶中加入 2.5 g 去离子水。然后加入 3.5 g 乙酸乙酯萃取剂，常温下超声振荡 30 min，分出上层有机相。按照同样方法，用乙酸乙酯萃取 6 次，合并有机相。

（3）用无水硫酸镁干燥，抽滤，旋蒸出溶剂，可分离得 HMF。根据获得的产物质量，计算收率。通过红外和气质联用确定产物结构。

### 五、数据记录及处理

将数据记录于表 2-4-1 中。

表 2-4-1　数据记录表

| 葡萄糖质量 $w_0$/mg | 氯化亚铬质量 /mg | 离子液体质量 [Emim]Cl/mg | 产物 HMF 质量 $w_1$/mg | 收率/% （收率=$1.43 \times w_1/w_0$） |
|---|---|---|---|---|
|  |  |  |  |  |

### 六、实验注意事项

（1）离子液体容易吸水，需要干燥处理。

（2）反应对水敏感，称量原料时要迅速。

（3）氯化亚铬属于 Lewis 酸，易吸水，需要保存在干燥器或手套箱中。

### 七、思考题

（1）分析实验中出现的实验误差。

（2）根据反应机理,分析实验过程中可能的副产物。

（3）如何将离子液体体系重复循环使用？使用前需要做哪些处理？

## 八、附录

有关物料的物性数据：

（1）葡萄糖［50-99-7］,分子式 $C_6H_{12}O_6$,无色晶体,有甜味但甜味不如蔗糖(一般人无法尝到甜味),易溶于水,微溶于乙醇,不溶于乙醚,分子量 180.16,熔点 146 ℃。

（2）5-羟甲基糠醛（HMF)［67-47-0］,分子式 $C_6H_6O_3$,分子量 126.11,熔点 28～34 ℃。常温下,高纯度 HMF 为无色针状结晶,具有甘菊花味,是一种含有呋喃环的小分子化合物。HMF 是最重要的平台化合物之一,其衍生物在精细化工、医药、可降解塑料等领域具有重大应用前景,尤其是基于呋喃二甲酸的生物基 PEF 聚酯已体现出优于石油基 PET（聚对苯二甲酸乙二醇酯)的诸多特性。

# 实验五　生物质玉米芯热解催化实验

## 一、实验目的

（1）熟悉并掌握生物质热解催化的基本过程；

（2）掌握实验室常压固定床的工作原理和方法；

（3）掌握热解过程和热解产物的相关概念和计算方法。

## 二、实验原理

生物质热解是通过加热促使其有机质结构降解的过程,其间伴随着传质、传热、传量和化学反应。生物质热解过程可大致分为三个主要阶段：

（1）干燥阶段,一般认为,200 ℃以前的热失重主要归因于自由水和结合水的释放。

（2）活性热降解阶段（220～400 ℃),纤维素和半纤维素的饱和多聚糖结构发生解离,释放大量挥发分。

（3）碳化结焦阶段（＞400 ℃）。生物质中纤维素大分子和少量木质素的缓慢降解,体系中缩聚反应占据主导地位,并伴随有结焦现象。生物质热解装置图见图 2-5-1。

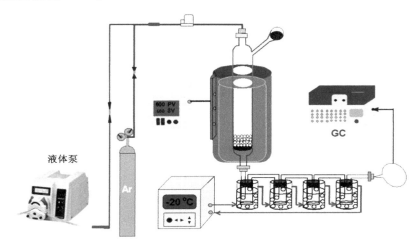

图 2-5-1　生物质热解装置示意图

热解转化通常在无氧条件下 400～600 ℃快速加热原料（大于100 ℃/s）,以生成液体油、不可冷凝气体和固体混合物。生物油是由数百种有机化合物组成的复杂混合物,主要包括酸、醇、醛、酯、酮、酚和木质素衍生的低聚物,这些化合物中部分组分与生物油的不良特性直接相关。在木质素热解体系中加入催化剂有利于对热解产物的调控,能够促进木质素热解产生高附加值的烃类化合物。一般认为该类型催化剂在木质素热解中主要起两个方面的作用,一是其酸性位点能够促进木质素的解聚和脱氧以形成目标烃类产物,二是它具有适当的孔径从而能够通过择形效应提高目标产物的选择性。

### 三、仪器与试剂

电子分析天平、生物质热解反应装置、气相色谱仪、玉米芯原料、Ar 气、冷肼、色谱纯甲醇、石英棉、ZSM-5 分子筛。

## 四、实验步骤

（1）打开循环冷却装置，打开气相色谱载气和色谱升温程序。称量 0.5～1.0 g ZSM-5 分子筛催化剂，2.0～4.0 g 玉米芯原料。将原料装入进料瓶中称量总质量，实验完毕后称量空瓶获得进料量。

（2）将称量好的催化剂和石英棉装入热解管，顺序：石英棉＋催化剂＋石英棉，测量床层高度、室温并记录，用于流量调节。将装好的热解管和进料瓶进行组合，真空硅脂密封，放入热解炉。通入 Ar 气，检测装置的气密性。

（3）准备冷肼，依次加入 40 mL、30 mL、30 mL、20 mL 的甲醇及玻璃珠，做好密封措施，放入循环冷却装置。对装置进行升温，升温速率为 5～10 ℃/min，升至 450 ℃。升温完成后进行 20 min 的均匀进料，进料完成后再进行 20 min 的集气收集。

（4）集气完成断开气袋，进行降温。对气袋中收集到的气体通过气相色谱进行定性定量分析。对冷肼所得的溶剂和热解油进行收集，记录所得液体总体积，取出一部分通过气相色谱和气相色谱-质谱联用仪进行分析。

（5）等待温度冷却至常温，打开热解炉拿出热解管降温。称量半焦质量。关闭气体和固定床装置。关闭循环冷却机，等待色谱温度降到低于 50 ℃，关闭色谱和色谱载气。实验结束后，对热解管进行 650 ℃ 的煅烧，对冷肼进行清洗。

## 五、数据记录及处理

将以下数据记录于表 2-5-1 和表 2-5-2 中。

表 2-5-1　反应物质量

| | 玉米芯 | 催化剂 | 总气体 | 液体 | 半焦 |
|---|---|---|---|---|---|
| 质量/g | | | | | |

表 2-5-2　产物产率

| | CO | $CO_2$ | $C_1—C_3$ | $C_1—C_3^=$ |
|---|---|---|---|---|
| 产率/% | | | | |

表 2-5-2(续)

| | 苯 | 甲苯 | 二甲苯 | 萘 | 甲基萘 | 酚类 |
|---|---|---|---|---|---|---|
| 产率/% | | | | | | |

（1）记录进料瓶的前后质量，差减得到进料量。

（2）记录好所用催化剂反应前后质量，以确定损失量或者积碳量。

（3）记录好所收集的液体总量，便于准确测量焦油总量。

## 六、注意事项

（1）固定床热解炉和反应管温度高，小心烫伤。

（2）注意催化剂、石英棉和热解反应物玉米芯的放置顺序和位置，催化剂要在加热温度区域的中心。

（3）反应过程中，注意热解炉的温度，防止过高或过低。

（4）要收集全部液体和半焦产物。

## 七、思考题

（1）影响热解催化产物分布和产率的因素有哪些？

（2）生物质热解油为什么要催化转化？催化转化后产物油的用途是什么？

# 第三章  化学储能工程实验

## 实验六  超级电容器的制作与性能检测

### 一、实验目的

（1）了解超级电容器电极的制备方法；

（2）掌握三电极测试体系及两电极系统超级电容器的组装方法；

（3）掌握循环伏安、交流阻抗法在超级电容器中的应用；

（4）掌握超级电容器比电容、能量密度、功率密度的计算方法。

### 二、实验原理

超级电容器是介于电容器和电池之间的储能器件，它既具有电容器可以快速充放电的特点，又具有电池的储能特性。根据存储电荷的机理，超级电容器分为双电层电容器（electrical double layer capacitor，EDLC）和准电容器（pseudocapacitor，赝电容器）。双电层电容器利用电极材料和电解质界面形成的电荷分离存储电荷，而赝电容器利用电化学活性物质的二维或准二维空间发生的吸脱附或电化学氧化还原反应来存储电荷。

目前商用的超级电容器主要是 EDLC，其工作原理是：充电时，外电源使电容器正负极分别带正电和负电，而电解液中的正负离子分别移动到电极表面附近，形成双电层，整个双电层电容器实际上是两个单双电层电容器的串联。放电时电子通过负载从负极移至正极,正、负离子则从电极表面释放并返回电解质本体中。

超级电容器由以下几个部分组成:电极、电解液、隔膜。

电极主要由集流体、活性物质、黏结剂、导电剂组成。集流体的选择是由电解液的性质决定的,一般来说,酸性电解液主要采用不锈钢网和钛箔做集流体,碱性电解液主要采用泡沫镍做集流体,而有机电解液更适合采用铝箔来做集流体。活性物质一般是多孔炭材料、导电聚合物、过渡金属氧化物、硫化物等。常用的黏结剂有聚四氟乙烯(PTFE)、聚偏氟乙烯(PVDF)、丁苯橡胶(SBR)和羧甲基纤维素钠(CMC)。虽然黏结剂可以使活性物质更牢固地粘接在集流体上,但是加入黏结剂会导致整个电极的导电性能下降。电极材料中的导电剂一般都选用乙炔黑或导电炭黑。导电剂可以弥补黏结剂带来的导电性能下降的缺陷,从而提升电极的导电性能。

电解液是在超级电容器的充电/放电过程中促进阴极和阳极之间离子移动的唯一介质,电解液主要有以下几类:水基电解质、有机物电解质、非水(凝胶-聚合物)电解质。水基电解质主要分为酸性、碱性和天然溶液,其中最常用的分别是 $H_2SO_4$、KOH 和 $Na_2SO_4$ 溶液。$H_2SO_4$、KOH 溶液的工作电压约为 1 V,$Na_2SO_4$ 溶液的工作电压约为 1.6 V,均低于有机物电解质和离子液体电解质的工作电压。由于其优异的性能,如高导电性,低黏度,良好的兼容性、安全性、可用性,低成本等,它们被用作超级电容器中的电解质。有机电解质常用的有乙腈(AN)和线性碳酸盐等。因为有机电解质的熔点通常远低于水基电解质的熔点,因此它们在设备中的最低使用温度要比水基电解液的更低,有更大的工作温度范围。凝胶-聚合物电解质主要是以聚乙烯醇(PVA)为载体,$H_2SO_4$、KOH 或 LiCl 为电解质。凝胶-聚合物电解质可以解决有机物电解质的低闪点以及对环境有害的问题,也可以解决水基电解质对金属的腐蚀作用。

本实验主要采用两电极测试系统,两电极测试系统(扣式超级电容器)的组装过程示意图如图 3-6-1 所示。

在两电极测试系统中,使用高性能电池检测系统对活性物质进行恒电流充放电测试,对比不同充电截止电压下超级电容器的比电容、能量密度和功率密度,充电截止电压分别选择 1 V 和 1.6 V。在恒电流充放电测试中,

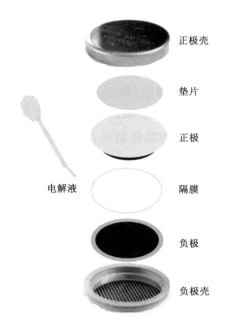

图 3-6-1　超级电容器两电极测试系统组装过程示意图

一般情况下,超级电容器的比电容 $C(F/g)$ 可以通过以下公式计算:

$$C = \frac{I \times \Delta t}{M \times \Delta V} \tag{1}$$

式中,$I$ 为放电电流,单位为 A;$\Delta t$ 为放电时间,单位为 s;$\Delta V$ 为电压差,单位为 V;$M$ 一般指正、负极中活性物质的质量之和,单位为 g(注:如果要严格计算整个超级电容器器件的比电容,$M$ 指纽扣电容器整体的质量,包括电池壳、隔膜、泡沫镍、电解液、导电剂和黏结剂等的质量)。

　　一般超级电容器的能量密度 $E(Wh/kg)$ 与功率密度 $P(W/kg)$ 通过以下公式计算:

$$E = \frac{C \times \Delta V^2}{7.2} \tag{2}$$

$$P = \frac{3\ 600 \times E}{\Delta t} \tag{3}$$

式中,$C$ 为超级电容器的比电容,单位为 F/g;$\Delta V$ 为电压差,单位为 V;$\Delta t$ 为放电时间,单位为 s。

## 三、仪器与试剂

纽扣电池组装系统、高性能电池检测系统、电化学工作站、电子分析天平、烘箱、纽扣电池壳、硫酸钠（分析纯）、乙炔黑（电池级）、泡沫镍（电池级）、活性炭、蒸馏水、10%PTFE 水溶液等。

## 四、实验步骤

### 1. 炭电极的制备

使用纽扣电池组装系统中的冲片机将泡沫镍冲为直径 1.4 cm 的圆片，将商业活性炭材料（活性物质）、乙炔黑（导电剂）与 PTFE 悬浮液（黏结剂，PTFE 质量分数为 10% 的水悬浮液）按质量比 8∶1∶10 在称量瓶中混合均匀，将所得到的黑色膏状混合物均匀涂覆在多个圆形泡沫镍（每个圆形泡沫镍的直径为 1.4 cm）的表面，并将涂覆好的圆形泡沫镍转移至 60 ℃ 的鼓风干燥箱内干燥 4 h，得到多个炭电极。计算每个炭电极上涂覆的活性物质质量，选取 2 个质量相近的炭电极，分别用作超级电容器器件的正极和负极。

### 2. 超级电容器器件的组装

使用 CR2025 纽扣电池壳，先将电池壳负极壳平放在实验台上，再将超级电容器负极装入电池壳负极中，然后放入超级电容器专用隔膜（圆形，直径 1.6 cm），滴加 5 滴左右电解液（电解液为 1 mol/L Na$_2$SO$_4$ 溶液），再依次放入超级电容器正极、空白泡沫镍（圆形，直径 1.4 cm，用作垫片），最后盖上电池正极壳。将初步密封的超级电容器转移至纽扣电池封口机上，对其进行密封，封口的压力和时间约为 5 MPa、30 s（注意正确操作封口机器，以确保安全）。

### 3. 电化学性能测试

使用高性能电池检测系统对活性物质进行恒电流充放电测试，用测试夹分别接超级电容器正极和负极，对比不同充电截止电压下超级电容器的比电容、能量密度和功率密度，充电截止电压分别选择 1 V 和 1.6 V。

使用电化学工作站对超级电容器进行循环伏安和交流阻抗测试，将电化学工作站的工作电极接纽扣电容器正极，参比电极和辅助电极接纽扣电容器负极。使用电化学工作站对电极材料的循环伏安特性进行测试，通过循环伏安(CV)曲线可以看出炭电极材料的双电层电容特性(类矩形曲线)。两电极测试体系下的 CV 测试扫描电压区间分别为 0~1 V 以及 0~1.6 V。通过电化学交流阻抗(EIS)测试可以对电极材料内部的内阻进行比较,还可以通过拟合得到电极材料的电荷转移电阻,进一步分析电极材料的电化学性能。本实验 EIS 测试的频率为 $10^5$~0.01 Hz,测试交流振幅为 5 mV。

## 五、数据记录与处理

将数据记录于表 3-6-1 中。

**表 3-6-1　数据记录表**

| 电极体系 | 泡沫镍(集流体)质量/g | 电极干燥后总质量/g | 电极涂覆物质质量/g | 电极活性物质的质量/g |
|---|---|---|---|---|
| 工作电极 | | | | |
| 对电极 | | | | |

(1) 使用 Origin 软件绘制两电极系统循环伏安曲线、能奎斯特曲线;

(2) 计算两电极测试系统超级电容器器件的比电容、能量密度和功率密度;绘制不同电流密度下的恒流充放电曲线、拉贡曲线。

## 六、实验注意事项

(1) 使用电池冲片机和封口机必须小心,注意安全。

(2) 电池封口机操作时封口压力不要超过 5 MPa。

(3) 电化学工作站、恒流充放电在使用时接线务必正确。

(4) 恒流充放电时的电流大小不能超过恒流充放电测试系统的量程。

## 七、思考题

(1) 分析实验中出现的实验误差。

(2) 两电极体系组装的纽扣式电容器器件的比电容、能量密度、功率密度如何计算?

(3) 如何认识超级电容器在储能中的重要意义?

# 实验七　锂离子电池的制作与性能检测

## 一、实验目的

（1）了解锂离子电池电极的制备方法；

（2）掌握锂离子电池扣式半电池的组装方法；

（3）掌握循环伏安、交流阻抗法在锂离子电池中的应用；

（4）掌握锂离子电池比容量、倍率性能、首次库仑效率等电化学性能的计算方法。

## 二、实验原理

锂离子电池是一种充电电池（二次电池），它主要依靠锂离子在正极和负极之间移动来工作。锂离子电池主要由正极、隔膜、负极、有机电解液和电池外壳组成。锂离子电池正极活性物质主要有 $LiCoO_2$、$LiMn_2O_4$、$LiFePO_4$ 等，商用负极常用石墨及其衍生物，目前 Si/C 复合电极、Sn 基复合材料等也是研究热点。隔膜是高分子材料，主要为多孔 PP（聚丙烯）、PE（聚乙烯）。通常使用有机电解液有：EC（乙烯碳酸酯）、PC（碳酸丙烯酯）、DMC（二甲基碳酸酯）、DEC（二乙基碳酸酯）等的 $LiPF_6$（六氟磷酸锂）溶液。主要添加剂为 PVDF（聚偏氟乙烯）、NMP（氮甲基吡咯烷酮）等。

锂离子电池的工作原理如图 3-7-1 所示，在充电的过程中，$Li^+$ 离子从正极活性物质中脱出，进入电解液，在充电器附加的外电场作用下向负极移动，依次进入石墨等负极，在负极生成 $Li_xC_6$ 化合物。放电时 $Li^+$ 离子和电子同时行动，方向相同但路径不同，电子从负极通过外部电路进入正极，$Li^+$ 离子从负极进入电解液里，穿越隔膜回到正极，再与已经快速抵达的电子结合，负极脱出 $Li^+$ 离子后恢复成石墨。

实验室中常用半电池来检测锂离子电池电极材料的电化学性能，本次实验为了检测石墨负极的电化学性能，组装了半电池。其中半电池的正极为待检测的石墨电极，负极为金属锂片。组装成半电池后先对电极进行放

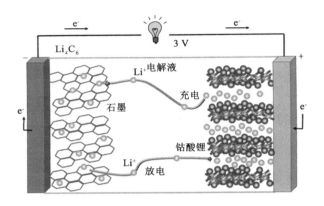

图 3-7-1 锂离子电池的工作原理示意图

电,此时金属锂电极中的 $Li^+$ 离子会嵌入石墨电极中,对应首次放电比容量;之后对电池进行充电,此时 $Li^+$ 离子由石墨脱出,返回金属锂片。锂离子电池半电池的组装过程如图 3-7-2 所示。

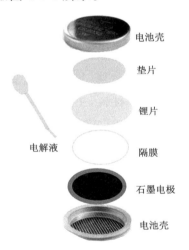

图 3-7-2 锂离子电池半电池的组装过程示意图

## 三、仪器与试剂

手套箱、纽扣电池组装系统、高性能电池检测系统、电化学工作站、电子分析天平、烘箱、纽扣电池壳、垫片、弹片壳、铜箔、Celgard2500 隔膜、锂离子电池电解液(电池级)、乙炔黑(电池级)、石墨(电池级)、锂片、10%的 PVDF 溶液(溶解于 NMP 中)、CMC、SBR、水等。

## 四、实验步骤

1. 石墨电极的制备

将商业石墨粉末材料(活性物质)、乙炔黑(导电剂)与 10% PVDF 溶液(黏结剂,PVDF 质量分数为 10%的 NMP 溶液)按质量比 8 : 1 : 10 加入称量瓶中,再滴加适量 NMP,在室温下磁力搅拌 12 h 使其混合均匀,将所得到的黑色膏状混合物均匀涂覆在长方形铜箔的表面,并将涂覆后的铜箔转移至 60 ℃的鼓风干燥箱内干燥 4 h,使用纽扣电池组装系统中的冲片机将干燥后、负载石墨的铜箔冲成直径为 14 mm 的圆片,并记录其质量。根据空白铜箔(直径为 14 mm 的圆片)计算每个电极上涂覆的活性物质质量,并把其用作扣式半电池的正极。

2. 扣式电池的组装

在手套箱中组装 CR2025 或 CR2032 电池,先将一个电池壳(一般用直径较小的)平放在手套箱中,放入石墨电极,再盖上 Celgard2500 隔膜(圆形,直径 16 mm),滴加 5 滴电解液(商用六氟磷酸锂电解液),再依次放入金属锂片(圆形,直径 14 mm)、弹片、垫片,最后盖上另外一个电池壳。将初步密封的锂离子电池半电池转移至纽扣电池封口机上,对其进行密封,封口的压力和时间约为 5 MPa、30 s(注意正确操作封口机器,以确保安全)。

3. 电化学性能测试

使用高性能电池检测系统对活性物质进行恒电流充放电测试,用测试夹分别接纽扣电池负极和正极,测试纽扣电池的倍率性能。倍率性能测试步骤一般为:分别在 0.1 A/g、0.2 A/g、0.3 A/g、0.4 A/g、0.5 A/g、1.0 A/g、1.5 A/g 电流密度下进行恒流充放电测试。使用电化学工作站对纽扣电池进行循环伏安和交流阻抗测试,电化学工作站工作电极接纽扣电池正极,参比电极和辅助电极鳄鱼夹接纽扣电池负极。循环伏安测试扫描电压区间为 0~1 V,扫描速度为 0.2 mV/s。本实验 EIS 测试的频率为 $10^5 \sim 0.01$ Hz,测试交流振幅为 5 mV。

## 五、数据记录和处理

将数据记录于表 3-7-1 中。

表 3-7-1　数据记录表

| 质量 | 铜箔(集流体)质量/g | 电极干燥后总质量/g | 电极涂覆物质质量/g | 电极活性物质的质量/g |
|---|---|---|---|---|
| 石墨电极 | | | | |

（1）使用 Origin 软件绘制锂离子电池半电池的循环伏安曲线、能奎斯特曲线。

（2）计算锂离子电池半电池活性物质材料(石墨)的比容量和倍率性能；绘制不同电流密度下电池的恒流充放电曲线。

## 六、实验注意事项

（1）使用电池冲片机和封口机必须小心、注意安全。

（2）电池封口机操作时封口压力不要超过 5 MPa。

（3）电化学工作站、恒流充放电在使用时接线务必正确。

## 七、思考题

（1）分析实验过程中出现的实验误差？

（2）锂离子电池电极材料的比容量如何计算？

（3）如何认识锂离子电池在储能中的重要意义？

（4）通过本实验,你认为实验中有哪些地方可以进一步改进？

# 实验八　锌离子电池的制作与性能检测

## 一、实验目的

（1）了解锌离子电池电极的制备方法；

（2）掌握锌离子电池扣式电池的组装方法；

（3）掌握循环伏安、交流阻抗法在锌离子电池中的应用；

（4）掌握锌离子电池比容量、倍率性能、循环性能等电化学性能的计算方法。

## 二、实验原理

锌离子电池是近年发展起来的新型二次水系电池，相比于使用有机电解液的锂离子电池、钠离子电池等有机系电池，使用水系电解液的可充电水系锌离子电池表现出了明显的优势。水系电解液离子电导率要比有机电解液高2个数量级，且制造成本低、运行安全性高、环境友好等优点为其电网级别的电化学储能奠定了基础。研究发现，水系锌离子电池（ZIBs）具有广阔的应用前景，因为金属锌理论容量高（820 mAh/g）、氧化还原电位相对较低（−0.76 V vs. SHE）、价格低廉，被认为是理想的负极材料。因此，ZIBs在动力电池、规模储能、消费电子、柔性可穿戴电子、大型储能等领域具有很高应用价值和发展前景。

图 3-8-1 所示是锌离子电池的工作原理示意图，负极为纯锌片。通常，锌离子电池中使用的正极材料是具有隧道结构或层间间距较大的过渡金属

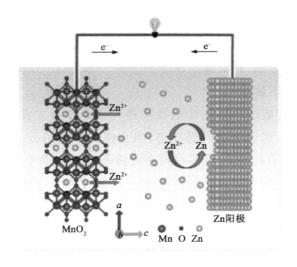

图 3-8-1 锌离子电池的工作原理示意图

氧化物,如层状的钒氧化物和隧道结构的锰氧化物等,图中以 $\alpha\text{-}MnO_2$ 为电池的正极材料,电解液为中性水溶液。在电池放电状态时金属锌片溶解到电解质中,产生 $Zn^{2+}$ 离子,$Zn^{2+}$ 离子缓慢地嵌入正极材料的晶体结构中;电池充电时,$Zn^{2+}$ 离子从二氧化锰晶体结构中脱出,并沉积在负极锌片上。因此,可把锌离子电池形象地比喻成"摇椅电池",锌离子位于摇椅的两端,即电池的正极和负极来回反复移动。在电池充放电的过程中,正极材料 $MnO_2$ 的结构会发生转变,转变成层状结构二价锰相($Zn_xMnO_2$)、隧道型锰相($Zn_xMnO_2$)或尖晶石状三价锰相($ZnMn_2O_4$),由以上可以看出,锌离子电池的本质是 $Mn^{4+}$、$Mn^{3+}$ 和 $Mn^{2+}$ 的相互转化,从而实现化学能与电能之间的转变。

锌离子电池的结构类似于锂离子电池,其主要构成为:正极、电解液、隔膜、负极等。

正极材料:目前锌离子电池所采用的正极材料主要有锰基化合物、钒基化合物和普鲁士蓝类似物等。其中,锰基化合物具有高放电容量和比能量,但是存在锰溶解性能和倍率性能欠缺的问题;钒基化合物具有高比功率、良好的倍率性能和循环特性,但放电电压过低;普鲁士蓝类似物尽管比容量较低,但有较高的放电电压。已开发的正极材料均存在一些问题,因此,开发出有利于 $Zn^{2+}$ 快速脱嵌/嵌入的高性能正极具有重要意义。

负极材料:锌离子电池的负极一般是纯锌片或粉末多孔锌电极。但其负极锌自身仍有许多问题阻碍其发展,例如电极表面"锌枝晶"的形成、自腐蚀导致的电池自放电、充放电过程中产生的 $ZnO$ 或 $Zn(OH)_2$ 等产物造成的电池钝化等都亟须解决。

隔膜:隔膜与电池的整体性能直接相关。其作用主要有防止电池正极和负极直接接触,造成电池内部短路;阻止体积较大的分子通过,只允许体积较小的带电离子通过,这样可以提高电极表面的浓度差,有利于带电离子在电池中的扩散,从而提高电池的容量。目前锌离子电池的隔膜主要有滤纸、气流成网纸膜、吸收性玻璃材料和无纺布等。

电解液:电解液是决定电池电化学性能的另一个重要因素。合适的电解液应保持良好的锌沉积/剥离可逆性,释放较宽的电化学窗口。常见的水系锌离子电池电解液包括水凝胶电解液、离子液、盐包水电解液和具有添加物的电解液。锌电极在含有 $Cl^-$ 和 $NO_3^-$ 的水系电解液中因为强腐蚀性而不稳定,所以 $ZnSO_4$、$Zn(CF_3SO_3)_2$ 等盐基电解质已被广泛应用于水系锌离子电池。研究表明,在电解液中加入添加剂,使电极材料具有明显的结晶取向和表面结构,能够有效抑制锌枝晶的生长,从而提高锌负极的可逆性和稳定性。

## 三、仪器与试剂

纽扣电池组装系统、高性能电池检测系统、电化学工作站、电子分析天平、烘箱、纽扣电池壳、垫片、弹片壳、钛箔或不锈钢网、锌箔、whatman 玻璃纤维隔膜、硫酸锌、硫酸锰、二氧化锰、乙炔黑、10％的 PTFE 水悬浮液、水等。

## 四、实验步骤

1. 二氧化锰电极的制备

将二氧化锰粉末材料(活性物质)、乙炔黑(导电剂)与 10％ PTFE 溶液(黏结剂,PTFE 质量分数为 10％的水悬浮液)按质量比 8∶1∶10 加入称量瓶中,再滴加适量水,在室温下搅拌 0.5 h 使其混合均匀,将所得到的黑色膏状混合物均匀涂覆在圆形(直径 14 mm)集流体(钛箔或 250 目不锈钢网)的表面,并转移至 60 ℃的鼓风干燥箱内干燥 3 h,记录其质量。根据空白集流体质量计算每个电极上涂覆的活性物质质量,并把其用作锌离子电池的正极。

2. 扣式电池的组装

在实验台上组装 CR2025 或 CR2032 电池,先将一个电池壳(一般用直径较小的)平放在实验台上,放入二氧化锰电极,再盖上 whatman 玻璃纤维隔膜(圆形,直径 16 mm),滴加 5 滴电解液(2 mol/L 硫酸锌＋0.1 mol/L 硫酸锰),再依次放入锌箔(圆形,直径 14 mm)、弹片、垫片,最后盖上另外一个电池壳。将初步密封的锌离子电池转移至纽扣电池封口机上,对其进行密封,封口的压力和时间约为 5 MPa、30 s(注意正确操作封口机器,以确保安全)。

3. 电化学性能测试

使用高性能电池检测系统对活性物质进行恒电流充放电测试,用测试夹分别接纽扣电池负极和正极,测试纽扣电池的倍率性能。倍率性能测试步骤一般为:分别在 0.1 A/g、0.2 A/g、0.5 A/g、1.0 A/g、2.0 A/g、0.1 A/g 电流密度下进行恒流充放电测试。使用电化学工作站对纽扣电池进行循环伏安和交流阻抗测试,电化学工作站工作电极接纽扣电池正极,参比电极和辅助电极接纽扣电池负极。循环伏安测试扫描电压区间为 0.8~1.8 V,扫描速度为 0.4 mV/s。本实验 EIS 测试的频率为 $10^5$~0.01 Hz,测试交流振幅为 5 mV。

## 五、数据记录和处理

将数据记录于表 3-8-1 中。

表 3-8-1  数据记录表

| 质量 | 集流体质量 /g | 电极干燥后 总质量/g | 电极涂覆物质 质量/g | 电极活性物质 的质量/g |
|---|---|---|---|---|
| 工作电极 | | | | |

(1) 使用 Origin 软件绘制锌离子电池的循环伏安曲线、能奎斯特曲线;
(2) 计算锌离子电池活性物质材料(二氧化锰)的比容量和倍率性能,使用 Origin 软件绘制不同电流密度下锌离子电池的恒流充放电曲线。

## 六、实验注意事项

(1) 使用电池冲片机和封口机必须小心、注意安全。
(2) 电池封口机操作时封口压力不要超过 5 MPa。
(3) 电化学工作站、恒流充放电在使用时接线务必正确。

## 七、思考题

(1) 分析本实验过程中可能出现的实验误差?
(2) 锌离子电池电极材料的比容量如何计算?
(3) 如何认识锌离子电池在储能中的重要意义?
(4) 目前锌离子电池发展的瓶颈是什么?

# 实验九 一次锌空气电池的制备、组装及性能测试

## 一、实验目的

（1）了解一次锌空气电池电极制备方法；

（2）掌握一次锌空气电池的组装及性能测试方法；

（3）掌握一次锌空气电池的电池性能数据处理方法。

## 二、实验原理

一次锌空气电池通常以强碱（$KOH$、$NaOH$ 等）或盐（$NH_4Cl$、$ZnCl_2$ 等）溶液为电解质。其中，强碱性电解质具有电导率高、锌电极在其中的交换电流密度高等特点，成为一次锌/空气电池使用最为广泛的电解质。

常见的一次锌空气电池的电化学式为：

$$（-）Zn\,|\,KOH\,|\,O_2（空气）（+）$$

电池反应为：

阳极（Zn 电极）反应： $2Zn + 8OH^- =\!=\!= 2ZnO_2^{2-} + 4H_2O + 4e^-$

阴极（空气电极）反应： $O_2 + 2H_2O + 4e^- =\!=\!= 4OH^-$

电池总反应：

$$2Zn + O_2 + 4OH^- =\!=\!= 2ZnO_2^{2-} + 2H_2O$$

通常情况下，一次锌空气电池由空气电极（阴极或正极）、锌电极（阳极或负极）、电解液和隔膜组成，如图 3-9-1 所示。

一次锌空气电池的空气电极为憎水型气体电极，由防水透气层、多孔催化层和导电网组成。防水透气层由憎水物质［如聚四氟乙烯（PTFE）或聚乙烯等］和碳材料组成，可允许气体进入电极内部。多孔催化层由碳材料、黏结剂和催化剂（常采用贵金属催化剂如 Pt、Pd、Ru 等，金属氧化物如钙钛矿型氧化物、锰氧化物等）组成，是空气电极电化学反应场所。锌电极多由 Zn 材料构成，一般而言，一次锌空气电池锌电极活性物质通常为蒸馏锌粉和电解锌粉，锌电极主要成型方法有压成法、涂膏法、黏结法、烧结法等。隔膜需

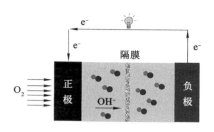

图 3-9-1　一次锌空气电池结构与原理示意图

要满足以下特点:绝缘性,电化学稳定性,高离子透过性,选择透过性,高强度。隔膜通常浸泡于浓度高于 6 mol/L 的 KOH 溶液中,以保证一次锌空气电池内部的离子电导率和循环性能。

一次锌空气电池的工作特性可以用极化曲线表示。图 3-9-2 为典型的一次锌空气电池单池的极化曲线,即电流-电压曲线($I$-$V$ 曲线)。以空气作为正极活性物质(压力为 0.21 atm,1 atm＝101 325 Pa)时,一次锌空气电池的电动势为 1.636 V。一般情况下,一次锌空气电池的开路电压小于电动势,其值为 1.4～1.5 V,工作电压为 0.9～1.3 V。在一次锌空气电池正常工作时,单池输出电压随电流密度增加而降低,而单池输出功率密度在某一个电流密度下达到最大值即峰值功率密度($P_{\max}$)。

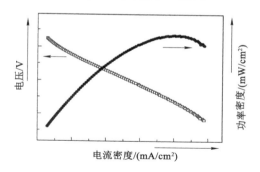

图 3-9-2　一次锌空气电池单池的极化曲线

一次锌空气电池在工作时的电极过程可以用交流阻抗法(AC impedance 或 EIS)表征。交流阻抗法是最基本的电化学研究方法之一,在涉及表面反应行为的研究中具有重要作用。交流阻抗是施加一个小振幅的交流电压或电流信号,使电极电位在平衡电极电位附近微扰,在达到稳定状态后,测量其响应电流或电压信号的振幅,用实验结果绘制 Nyquist 图(阻抗 $Z$ 的虚部 $Z_{im}$ 或 $Z''$ 与实部 $Z_{re}$ 或 $Z'$ 的关系曲线图),然后根据等效电路,通过阻抗谱的分析和参数拟合,求出电极反应的动力学参数。具体如图 3-9-3 所示。

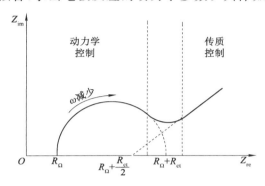

图 3-9-3　锌空气电池的 EIS 测试 Nyquist 图

### 三、仪器与试剂

电子分析天平、超声波清洗机、鼓风烘箱、移液枪、喷枪、锌空气电池测试模具、空气发生器、电化学工作站、电池负载、60% Pt/C、Vulcan XC-72 碳粉、KOH(优级纯)、PTFE 乳液(质量分数)(2%)、Nafion 溶液(质量分数)(5%)、乙醇(分析纯)、去离子水、碳纸、多孔隔膜、锌片等。

### 四、实验步骤

本实验以锌片为阳极,以 Pt/C 多孔电极为阴极,以 KOH 溶液为电解质,以浸渍 KOH 溶液的多孔隔膜为隔膜,组装一次碱性锌空气电池,并借助电化学工作站测试电池放电性能。

1. Pt/C 多孔电极制备

(1)碳纸的憎水化处理

用量筒量取 40 mL 2% 的 PTFE 乳液并放在烧杯中,用电子天平称量 $4.5 \times 2.5$ cm² 大小的碳纸质量($m_1$),将碳纸浸泡在上述烧杯中 10 min,取出碳纸,烘干后用电子天平称量碳纸质量($m_2$),重复上述操作,直至碳纸中 PTFE 含量为 10%,此时憎水化处理后的碳纸质量为 $m_i$。将鼓风烘箱温度设置为 340 ℃,将碳纸放置在鼓风烘箱 60 min,待鼓风烘箱温度降至室温后,取出碳纸即为憎水化处理的碳纸。

（2）微孔层的制备

用电子天平称量 Vulcan XC-72 碳粉 5.0 mg,并放置在 10 mL 玻璃瓶中,分别用移液枪量取 1 mL 乙醇和 100 $\mu$L PTFE 乳液（2%）并放入玻璃瓶中,将玻璃瓶置于超声波清洗机中处理 30 min。用喷枪将上述浆液刷涂至憎水化处理过的碳纸上,制备出微孔层,用电子天平称量气体扩散层样品（含有微孔层的憎水化处理后的碳纸）质量（$m_j$）。

（3）多孔催化层的制备

用电子天平称量 60% Pt/C 48 mg,并放置在 15 mL 玻璃瓶中,用移液枪分别量取 3 mL 去离子水、3 mL 无水乙醇和 169 $\mu$L Nafion 溶液,转移至上述玻璃瓶中,将玻璃瓶置于超声波清洗机中处理 40 min。用喷枪将上述浆液刷涂至微孔层表面,烘干后获得多孔催化层。用电子天平称量上述样品（气体扩散电极,Pt/C 多孔电极）质量（$m_k$）。

2. 锌空气单体电池组装

在测试装置底部元件[图 3-9-4(a)]中放入 PTFE 绝缘套,如图 3-9-4(b)所示;依次将锌片、聚烯烃多孔膜放入 PTFE 绝缘套内,并用吸管吸取 7 mol/L KOH 溶液滴入聚烯烃多孔膜,如图 3-9-4(c)、(d)所示;将 Pt/C 多孔电极、压紧帽、弹簧放入 PTFE 绝缘套内,如图 3-9-4(e)、(f)所示;将测试

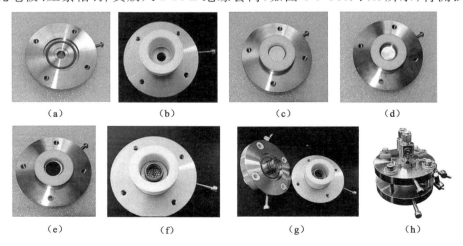

(a)　　　　(b)　　　　(c)　　　　(d)

(e)　　　　(f)　　　　(g)　　　　(h)

图 3-9-4　锌空气电池组装步骤图

装置顶部元件与底部元件对齐,并用螺丝拧紧固定,如图 3-9-4（g）、（h）所示。

将锌空气电池测试装置正极与电化学工作站工作电极相连,负极与电化学工作站对电极和参比电极相连,打开电化学工作站,在测试菜单中选用 EIS 测试方法,根据电池性质设置合适参数,读取电池内阻（$R_\Omega$）,判断锌空气电池有无短路。

3. 锌空气单体电池性能测试

打开空气压缩机,连接锌空气电池测试装置,依次打开进气阀门、进气针阀、放气针阀,设置气体流量计流速为 80 mL/min。在电化学工作站测试菜单中选用 IV 测试,设置合适参数。测试结束后,重复测试 3 次,保证测试结果可重复。在电化学工作站测试菜单中选用 EIS 方法,设置合适参数,测试结束后,重复测试 3 次,保证测试结果可重复。

实验完毕,关闭空气压缩机,待尾气装置中无气体时,设置气体流量计流速为 0 mL/min,随后依次关闭进气阀门、进气针阀、放气针阀;切断电源。清洗锌空气电池测试装置。

## 五、数据记录和处理

将数据记录于表 3-9-1 至表 3-9-3 中。

表 3-9-1　实验原始数据

| 碳纸面积 $S_{carbon}/cm^2$ | 碳纸质量 $m_1/mg$ | 憎水化处理后碳纸质量 $m_i/mg$ | 气体扩散层质量 $m_j/mg$ | Pt/C 多孔电极质量 $m_k/mg$ |
|---|---|---|---|---|
|  |  |  |  |  |

表 3-9-2　锌空气电池电极相关数据

| 碳纸中 PTFE 含量 $w_i$ /% | 微孔层中碳粉载量 /(mg/cm²) | 微孔层中 PTFE 载量 /(mg/cm²) | 催化层中 Pt 载量 /(mg/cm²) |
|---|---|---|---|
|  |  |  |  |
|  |  |  |  |

表 3-9-3　锌空气电池性能数据

| Pt/C 多孔电极面积 $S_{Pt/C}$ /(cm²) | 锌片面积 $S_{Zn}$/(cm²) | 电池内阻 $R_{\Omega}$/mΩ | 空气流速 /(mL/min) | 峰值功率 $P$/(mW/cm²) | 锌空气电池阻抗数据 | | |
|---|---|---|---|---|---|---|---|
| | | | | | 电池内阻 $R'_{\Omega}$/mΩ | 电荷传递阻抗 $R_e$/mΩ | 传质阻抗 $R_t$/mΩ |
| | | | | | | | |
| | | | | | | | |

碳纸中 PTFE 含量 $w_i$ 的计算:

$$w_i = \frac{m_i - m_1}{m_i} \times 100\%$$

式中,$m_i$ 为憎水化处理后的碳纸质量,单位为 mg;$m_1$ 为碳纸质量,单位为 mg。

微孔层中碳粉载量和 PTFE 载量的计算:

$$微孔层中碳粉载量(mg/cm^2) = \frac{m_j - m_i}{S_{carbon}} \times \frac{5}{7}$$

$$微孔层中 PTFE 含量(mg/cm^2) = \frac{m_j - m_i}{S_{carbon}} \times \frac{2}{7}$$

式中,$S_{carbon}$ 为碳纸面积,单位为 cm²;$m_i$ 为憎水化处理的碳纸质量,单位为 mg;$m_j$ 为气体扩散层质量,单位为 mg。

催化层中 Pt 载量的计算:

$$催化层中 Pt 载量(mg/cm^2) = \frac{m_k - m_j}{S_{carbon}} \times 0.510$$

式中,$S_{carbon}$ 为碳纸面积,单位为 cm²;$m_j$ 为气体扩散层质量,单位为 mg;$m_k$ 为 Pt/C 多孔电极质量,单位为 mg。

用 Origin 或 Excel 等软件绘制电流-电压-功率曲线,锌空气电池功率密度的计算:

$$P = V \times I$$

式中,$P$ 为锌空气电池功率密度,单位为 mW/cm²;$V$ 为锌空气电池工作电压,单位为 V;$I$ 为锌空气电池工作电流密度,单位为 mA/cm²。

用 Origin 或 Excel 等软件绘制 Nyquist 图,用电化学工作系统中自带的软件拟合得到电极过程参数:电池内阻 $R'_{\Omega}$(mΩ)、电荷传递阻抗 $R_e$(mΩ)、

传质阻抗 $R_t(m\Omega)$。

### 六、实验注意事项

（1）称量要仔细，严格遵循万分之一电子天平操作规范；

（2）碳纸易碎，称量时需轻拿轻放；

（3）60% Pt/C 催化剂遇醇类溶剂易着火，故配置催化层浆液时，需先加入去离子水，后加入无水乙醇，顺序不能颠倒；

（4）7 mol/L KOH 溶液腐蚀性较强，滴加在多孔隔膜时需小心操作；

（5）实验中气量不宜太大，避免出现大量的气液夹带；

（6）使用电化学工作站前，需提前了解数据存储方式，避免数据丢失。

### 七、思考题

（1）本实验采用锌片作为锌空气电池阳极，是否可以采用锌粉？ 如果可以，以锌粉组装的锌空气电池放电性能如何变化？

（2）本实验采用 Pt/C 多孔电极作为锌空气电池阴极，该电极由哪几个部分组成？ 每个组成部分具有什么作用？

（3）Pt/C 多孔电极的三相界面区域由哪几部分组成？ 各自作用是什么？

（4）在 EIS 数据处理时，可以选择不同电路图进行 EIS 谱图拟合，怎么判断拟合数据的准确性？

# 实验十　直接甲醇燃料电池的组装与测试

### 一、实验目的

（1）了解直接甲醇燃料电池的工作原理；

（2）了解直接甲醇燃料电池的关键部件与制备方法；

（3）掌握直接甲醇燃料电池的组装与测试方法。

## 二、实验原理

直接甲醇燃料电池(direct methanol fuel cells,DMFCs)是一种将甲醇的化学能直接转化为电能的电化学反应装置,具有能量转换效率高、燃料来源丰富等应用优势,在便携设备、小功率电动车、物料搬运车等领域具有广泛的应用前景。

直接甲醇燃料电池的基本结构与工作原理如图 3-10-1 所示。其中,膜电极(membrane electrode assembly,MEA)是直接甲醇燃料电池的核心部件,由电解质膜(polymer electrolyte membrane,PEM)、阴/阳极催化层(catalyst layer,CL)、阴/阳极气体扩散层(gas diffusion layer,GDL)等组成。

阳极MOR:$2CH_3OH+2H_2O \longrightarrow 2CO_2+12H^++12e^-$

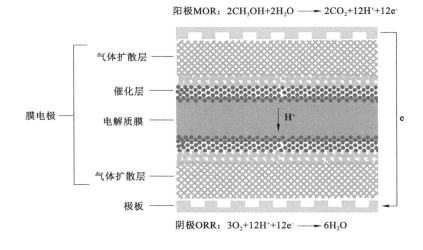

阴极ORR:$3O_2+12H^++12e^- \longrightarrow 6H_2O$

图 3-10-1　直接甲醇燃料电池基本结构与工作原理示意图

电解质膜是直接甲醇燃料电池关键部件之一,通常在阴/阳极之间,起传导质子、阻隔阴/阳极等作用。一般要求电解质膜需具有以下特点:高质子传动率,优异化学稳定性,低气体渗透率,高机械强度等。气体扩散层通常由微孔层(micro porous layer,MPL)和支撑层组成,在直接甲醇燃料电池中起到支撑催化层、传导电荷、促进气液分布等作用,其中,支撑层一般为碳纤维纸和碳纤维布。微孔层通常由无定形碳粉、黏结剂[如聚四氟乙烯(PTFE)]等组成。催化层是直接甲醇燃料电池电化学反应发生的位置,通常由电催化剂、高聚物材料等构筑,呈薄层结构。一般而言,若催化层位于微孔层表面,由此制备的电极称为 GDE 结构电极(gas diffusion electrode);若催化层位于电解质膜表面,由此制备的电极为 CCM 电极(catalyst coating electrode)。

直接甲醇燃料电池在运行时,甲醇水溶液从阳极入口经极板、阳极气体扩散层传递至阳极催化层,在阳极电催化剂作用下,发生电催化氧化反应,生成 $CO_2$、质子和电子,其中 $CO_2$ 及未参与反应的甲醇水溶液从阳极出口排出。空气或氧气从阴极入口经极板、阴极气体扩散层传递到阴极催化层,在阴极催化剂作用下,与经电解质膜从阳极传递过来的质子以及经外电路从阳极传导过来的电子,发生电化学还原反应生成水。

直接甲醇燃料电池相关反应如下:

阳极反应:

$$2CH_3OH + 2H_2O \longrightarrow 2CO_2 + 12H^+ + 12e^- \quad E_a = 0.016 \text{ V vs. RHE}$$

阴极反应:

$$3O_2 + 12H^+ + 12e^- \longrightarrow 6H_2O \quad E_c = 1.229 \text{ V vs. RHE}$$

电池总反应:

$$2CH_3OH + 3O_2 \longrightarrow 4H_2O + 2CO_2 \quad E = 1.213 \text{ V vs. RHE}$$

一般可以用电流-电压极化曲线($I$-$V$ 曲线,见图 3-10-2)描述直接甲醇燃料电池放电性能。在这类曲线中,可以知道直接甲醇燃料电池在任何放

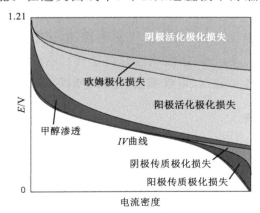

图 3-10-2　直接甲醇燃料电池 $I$-$V$ 极化曲线及各类极化损失示意图

电电流密度下对应的放电电压,从而可以获得 DMFCs 的放电功率。

在实际工作过程中放电性能低于理论值,这与直接甲醇燃料电池的各种不可逆损失有关,如活化极化损失、欧姆极化损失、传质极化损失、甲醇渗透等。

① 活化极化损失(activation loss):由于克服电化学反应活化能垒而引起的单池电压损失,称为活化极化损失。在不考虑物质传递影响下可以用 B-V 方程描述电化学反应与活化过电势的关系。

② 欧姆极化损失(ohmic loss):这部分电压损失是由电荷(电子或质子)在电解质膜、气体扩散层、催化层等关键部件及各类关键部件接触处传导受到的阻力引起的。

③ 传质极化损失(transport loss):反应物、产物等在气体扩散层、催化层等关键部件中存在传递阻力,从而导致各类物质在电催化剂表面的浓度低于其在阴/阳极入口处的浓度,由此引发的单池电压损失称为传质极化损失。

④ 甲醇渗透(methanol crossover):在浓度梯度作用下或在电场作用下,甲醇从阳极向阴极渗透,在阴极侧发生电化学反应形成混合电位,从而引起电池电压损失。

## 三、仪器与试剂

电子分析天平、超声波清洗机、鼓风烘箱、移液枪、喷枪、刻度尺、加热装置、直接甲醇燃料电池测试装置、空气发生器、电化学工作站、蠕动泵、60% Pt/C、75% PtRu/C、Nafion 溶液质量分数(5%)、乙醇(优级纯)、甲醇(色谱级)、去离子水、气体扩散层、电解质膜、密封材料等。

## 四、实验步骤

本实验以 PtRu/C 电极为阳极、以 Pt/C 电极为阴极、以 Nafion® 212 膜为电解质膜组装直接甲醇燃料电池,并借助电化学工作站测试电池放电性能。

### 1. Pt/C 电极的制备

用电子分析天平称量 $3.5 \times 3.5$ cm² 大小的气体扩散层样品质量,记为

$m_{Pt-1}$。称量 60% Pt/C 54 mg，并放置在 10 mL 玻璃瓶中，用移液枪分别量取 2 mL 去离子水、2 mL 无水乙醇和 270 $\mu$L Nafion 溶液，转移至上述玻璃瓶中。将玻璃瓶置于超声波清洗机中，超声 40 min 后备用。用喷枪将上述浆液喷涂至气体扩散层表面，喷涂完成后，经烘干获得 Pt/C 电极，用电子分析天平称量 Pt/C 电极样品质量，记为 $m_{Pt-2}$。

2. PtRu/C 电极的制备

用电子分析天平称量 3.5×3.5 cm² 大小的气体扩散层样品质量，记为 $m_{PtRu-1}$。用电子分析天平称量 75% PtRu/C 144 mg，并放置在 20 mL 玻璃瓶中，用移液枪分别量取 6 mL 去离子水、6 mL 无水乙醇和 508 $\mu$L Nafion 溶液，并转移至上述玻璃瓶中，将玻璃瓶置于超声波清洗机中，超声 120 min 后备用。用喷枪将上述浆液喷涂至气体扩散层表面，喷涂完成后，经烘干获得 PtRu/C 电极，用电子分析天平称量 PtRu/C 电极质量，记为 $m_{PtRu-2}$。

3. 直接甲醇燃料电池的组装

先在直接甲醇燃料电池测试装置底部放密封材料，再放入 Pt/C 电极，然后依次放入电解质膜、密封材料、PtRu/C 电极，再依次在测试装置内放入石墨极板、集流板、绝缘垫片、端板、塑料框，然后用螺钉固定并拧紧，如图 3-10-3 所示。

图 3-10-3 DMFCs 组装过程图

4. 直接甲醇燃料电池的活化

将直接甲醇燃料电池测试装置与蠕动泵、加热装置、细口瓶相连（细口瓶内装有去离子水），打开加热装置开关，设置直接甲醇燃料电池工作温度。打开蠕动泵开关，调节蠕动泵流速，使去离子水通入直接甲醇燃料电池测试装置，整个过程持续 3 h。

5. 直接甲醇燃料电池的测试

将直接甲醇燃料电池测试装置与加热装置、蠕动泵、细口瓶、空气发生器、电化学工作站相连（细口瓶内装有 0.5 mol/L 甲醇水溶液），如图 3-10-4 所示。打开加热装置开关，设置直接甲醇燃料电池工作温度。打开蠕动泵开关，调节蠕动泵流速，使 0.5 mol/L 甲醇水溶液从阳极口通入直接甲醇燃料电池测试装置。打开空气发生器开关，设置空气流速，让空气从阴极入口通入直接甲醇燃料电池测试装置。打开电化学工作站开关，进入电化学工作站软件，在工作站中选择任意电流阶跃测试方法，在测试方法中设置电流数值、停留时间、数据保存路径，开始电流-电压极化曲线测试，重复电流-电压极化曲线测试，直到三次测试曲线重合。

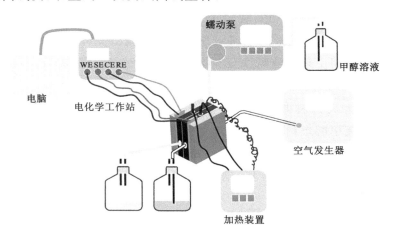

图 3-10-4  直接甲醇燃料电池测试过程示意图

## 五、数据记录和处理

将数据记录于表 3-10-1 和表 3-10-2 中。

表 3-10-1  实验原始数据

| 阴极气体扩散层面积 $S_{Pt}/cm^2$ | 阴极气体扩散层质量 $m_{Pt-1}/mg$ | Pt/C 电极质量 $m_{Pt-2}/mg$ | Pt/C 电极中 Pt 载量 $/(mg/cm^2)$ |
|---|---|---|---|
|  |  |  |  |
|  |  |  |  |
|  |  |  |  |

表 3-10-1(续)

| 阳极气体扩散层面积 $S_{PtRu}/cm^2$ | 阳极气体扩散层质量 $m_{PtRu\text{-}1}/mg$ | PtRu/C 电极质量 $m_{PtRu\text{-}2}/mg$ | PtRu/C 电极中 PtRu 载量 /(mg/cm$^2$) |
|---|---|---|---|
|  |  |  |  |
|  |  |  |  |

表 3-10-2　直接甲醇燃料电池性能数据

| Pt/C 电极面积 $S_{Pt/C}/cm^2$ | PtRu/C 电极面积 $S_{PtRu}/cm^2$ | 测试温度 $T/℃$ | 空气流速 /(mL/min) | 功率密度 /(mW/cm$^2$) |
|---|---|---|---|---|
|  |  |  |  |  |
|  |  |  |  |  |

Pt/C 电极中 Pt 载量的计算:

$$Pt/C\ 电极中\ Pt\ 载量(mg/cm^2) = \frac{m_{Pt\text{-}2} - m_{Pt\text{-}1}}{S_{Pt}} \times \omega_{Pt}$$

式中,$S_{Pt}$ 为 Pt/C 电极的面积,单位为 cm$^2$;$m_{Pt\text{-}1}$ 为阴极气体扩散层的质量,单位为 mg;$m_{Pt\text{-}2}$ 为 Pt/C 电极的质量,单位为 mg;$\omega_{Pt}$ 为 Pt/C 电极中 Pt 的质量分数。

PtRu/C 电极中 PtRu 载量的计算:

$$PtRu/C\ 电极中\ PtRu\ 载量(mg/cm^2) = \frac{m_{PtRu\text{-}2} - m_{PtRu\text{-}1}}{S_{PtRu}} \times \omega_{PtRu}$$

式中,$S_{PtRu}$ 为 PtRu/C 电极的面积,单位为 cm$^2$;$m_{PtRu\text{-}1}$ 为阴极气体扩散层的质量,单位为 mg;$m_{PtRu\text{-}2}$ 为 PtRu/C 电极的质量,单位为 mg;$\omega_{PtRu}$ 为 PtRu/C 电极中 PtRu 的质量分数。

用 Origin 或 Excel 等软件绘制电流-电压曲线($I$-$V$ 曲线,如图 3-10-2 所示),直接甲醇燃料电池功率密度的计算:

$$P = V \times I$$

式中,$P$ 为直接甲醇燃料电池功率密度,单位为 mW/cm$^2$;$V$ 为接甲醇燃料电池工作电压,单位为 V;$I$ 为接甲醇燃料电池工作电流密度,单位为 mA/cm$^2$。

## 六、实验注意事项

（1）称量要仔细，严格遵循万分之一电子天平操作规范；

（2）气体扩散层易碎，称量时需轻拿轻放；

（3）60% Pt/C 和 75% PtRu/C 催化剂遇醇类溶剂易着火，故配置催化层浆液时，需先加入去离子水，后加入无水乙醇，顺序不能颠倒；

（4）实验中，直接甲醇燃料电池在测试时，阴极通入空气，阳极通入甲醇水溶液，切勿颠倒；

（5）使用电化学工作站前，需提前了解数据存储方式，避免数据丢失；

（6）采用电化学工作站进行直接甲醇燃料电池测试时，一定要注意电化学工作站电极线与直接甲醇燃料电池的连接方式。一般来说，工作电极线和感应电极线与阴极连接，对电极和参比电极与阳极连接。

## 七、思考题

（1）本实验采用的 PtRu/C 电极由哪几个部分组成？每个组成部分具有什么作用？

（2）直接甲醇燃料电池阳极采用的是 PtRu 合金催化剂，阴极采用的是 Pt/C 催化剂，能否互换两极催化剂用于组装直接甲醇燃料电池？如果可以，请解释原因。

（3）直接甲醇燃料电池哪个电极的催化剂载量高一些？为什么这样设计？

（4）请分析直接甲醇燃料电池与一次锌空气电池的区别与联系。

# 实验十一　纽扣型可逆固体氧化物燃料电池/电解池的测试

## 一、实验目的

（1）了解 RSOC 的工作原理；

（2）通过纽扣型可逆固体氧化物燃料电池/电解池的测试，掌握 RSOC

性能测试过程的关键环节；

（3）掌握电化学阻抗谱仪的使用和数据处理方法；

（4）熟悉水的饱和蒸汽压的计算。

## 二、实验原理

可逆固体氧化物燃料电池/电解池（reversible solid oxide cell，RSOC）是一种可逆的电化学装置。它既可以以固体氧化物燃料电池（solid oxide fuel cell，SOFC）模式工作，直接将化学能转化为电能；又可以以固体氧化物电解池（solid oxide electrolysis cell，SOEC）模式工作，将水或者 $CO_2$ 电解转化为燃料气，用于制备高纯氢气、合成气或者液体燃料等。RSOC 具备全固体结构、高效率、无污染等优点，代表着未来的分布式发电技术，可以热电联供或冷热电三联供，具有广泛的用途。

RSOC 由空气极、电解质和燃料极组成，常用的电池结构是燃料极支撑型，具有支撑成本较低、功率密度较大的优点。燃料极、空气极是电化学反应的场所，其中燃料极通入燃料，空气极通入氧化剂。电解质起传递氧离子和分隔燃料及氧化剂的作用。RSOC 的工作原理如图 3-11-1 所示。

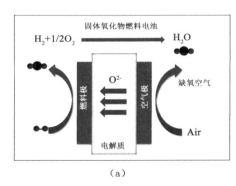
（a）

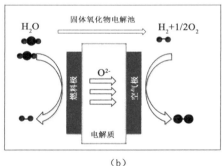
（b）

图 3-11-1　可逆固体氧化物燃料电池/电解池工作原理图

在燃料电池（FC）模式下，各极对应的电化学反应为：

燃料极：　　　$2H_2(g) + 2O^{2-} \longrightarrow 2H_2O + 4e^-$　　　　　　　　（1）

空气极：　　　$O_2(g) + 4e^- \longrightarrow 2O^{2-}$　　　　　　　　　　　（2）

总反应：　　　$2H_2(g) + O_2(g) \longrightarrow 2H_2O$　　　　　　　　　（3）

对于电解池（EC）模式：

燃料极：　　$2H_2O + 4e^- \longrightarrow 2H_2(g) + 2O^{2-}$　　　　　　　　　（4）

空气极：　　$2O^{2-} \longrightarrow O_2(g) + 4e^-$　　　　　　　　　　　（5）

总反应：　　$2H_2O \longrightarrow 2H_2(g) + O_2(g)$　　　　　　　　　　（6）

在 FC 模式下，氧离子在氧浓差驱动下，通过电解质中的氧空位定向传递，迁移到燃料极上与燃料发生氧化反应，释放出的电子通过外电路流回到空气极。

由此可见，RSOC 实际上是一种氧浓差电池，其电动势（EMF）或可逆电压 $E_r$ 可由能斯特方程求得：

$$E_r = \frac{RT}{4F} \ln \frac{p_{O_2(c)}}{p_{O_2(a)}}$$　　　　　　　　　　　（7）

式中，$R$ 为气体常数；$T$ 为温度；$F$ 为法拉第常数；$p_{O_2(c)}$ 为空气极的氧分压；$p_{O_2(a)}$ 为燃料极的氧分压。

## 三、仪器与试剂

立式测试炉、烘箱、质量流量计、空气发生器、电化学工作站、RSOC 测试夹具、万用表、电池记录仪、水浴锅、保温带、RSOC 纽扣电池、银钯浆、导电胶、银丝、陶瓷密封胶、洗气瓶、氮气、氢气。

## 四、实验步骤

1. 单电池的电信号端子和前期准备

分别在单电池的空气极和燃料极涂上银钯浆网格进行集流，后置于加热台上 80 ℃烘干，待银钯浆干燥后，用导电胶把空气极、燃料极两侧的银丝粘接固定在电极表面，并放在加热台上 120 ℃加热 30 min 至导电胶完全凝固，银丝紧固在电极表面。

2. 单电池的密封、升温、扫气与还原

把单电池放在测试装置上用陶瓷胶进行密封（少量多次用胶，一般 2～3次），密封时要保障装置和电池之间没有空隙。

将空气极、燃料极两侧的银丝分别和装置两端的银丝导线相连，用万用表检测装置连接是否正常，将装有电池的装置放在高温立式测试炉的石英管中，连接燃料气以及空气的进气管和出气管。

　　在测试陶瓷管和气路之间加水浴锅,通过调节水浴锅温度控制过水后气体的水蒸气浓度,较高水蒸气浓度时需要增加保温带保温,避免气体在管路输运过程中的冷凝。

　　在测试之前首先要对装置进行气密性检查,通入 10 mL/min 氮气进行检漏。在测试炉中设定好升温程序,然后启动测试炉,通入燃料气之前必须先通入氮气吹扫 20 min,排出燃料侧空气,以防止发生爆炸。关闭氮气阀门,根据实验所需的气体流量,通入燃料气,对电池进行还原,用记录仪监测电池的开路电压。

　　3. 单电池的电化学测试

　　待开路电压稳定之后打开空气阀门通入空气,20 min 稳定后,通过改变温度或气体流量,使测试温度区间在 650～800 ℃,采用降温测试。用电化学工作站测试电池在不同条件下的 $I$-$V$ 曲线、电化学阻抗谱(EIS)并保存数据。

　　4. 电解池的测试

　　电解池的测试是电池模式测试的逆过程。电池测试扫描是电压从开路条件测到 0 V,相反而言,电解池测试的时候一般从 1.6 V 开始测试,扫描到 0.3 V,记录对应的电解电流。电解性能测试时,水蒸气浓度可以在 30%～100% 范围内调节,一般情况下,水蒸气浓度越高,电解性能越高。

　　待所有测试结束后,关闭电炉,电炉温度降至室温,关闭燃料气和空气并排出装置内的剩余气体。需要注意的是燃料侧要通入氮气,排空管内残余的燃料气。最后关闭流量计,关闭电脑以及电化学工作站。

## 五、数据记录及处理

　　1. $I$-$V$-$P$ 曲线与峰值功率密度图绘制

　　使用电化学工作站,通过改变外电路的负载电流,改变电池的电流密度,同时记录电池两端电压的变化。导出实验数据,并利用 Origin 软件进行作图得到单电池的 $I$-$V$-$P$ 曲线,横坐标为电池的电流密度(电流密度等于电流除以 RSOC 的有效面积),左侧的纵坐标是电池的电压,电压和电流密度的乘积为电池的功率密度,对应的是右侧的纵坐标。

　　2. 电解性能 $I$-$V$ 曲线的绘制

　　测试前需要调节水浴锅的温度,根据水的饱和蒸汽压曲线,利用氢气为载气,调控所需要的高温水蒸气浓度。使用电化学工作站,利用测试取得的电压和电流数据,画 I-V 曲线。主要关注 1.3 V 下、50％水蒸气浓度下对应的电解电流及其对应的性能稳定性。

3. 电化学阻抗谱的绘制

测试开路电压下电池模式的阻抗以及电解池模式的阻抗。利用电化学阻抗谱测试仪测得不同温度、不同气体流量、不同水蒸气浓度下的电化学阻抗谱,分析对应的欧姆阻抗、极化阻抗等。

## 六、实验注意事项

（1）测试纽扣型 RSOC 的时候,空气和燃料气体必须分开,因此电池的密封至关重要。通常将电池密封于氧化铝管的顶端,管内为燃料气,管外为空气（根据情况内外气体可以反过来）。在实验测试之前,需要用氮气检验密封是否良好,避免易燃易爆的燃料气体窜入空气一侧,或者泄漏到环境中而造成危险。即便是确认不泄漏之后,燃料气体一侧事先也需要用氮气吹扫,排空氧化铝管以及管路中残余的空气,以免空腔内的残留空气与燃料相遇而发生爆炸。

（2）单电池的电化学性能测试一般采用的是四端子法,四端子法测试是用两对测试线与被测电池上的收集导线银丝连接,需要将电压信号线与电流信号线分开,这样测量的值将更接近真实值。

## 七、思考题

（1）高温密封与低温密封材料的相同点和不同点是什么？

（2）电池和电解池测试过程中分别需要注意哪些事项？

（3）为什么要用氮气进行置换？

（4）电解池测试时为什么要加 $H_2$ 辅助？

# 第四章　二氧化碳化学转化实验

## 实验十二　二氧化碳与环氧丙烷反应制环状碳酸酯

### 一、实验目的

（1）了解 $CO_2$ 绿色、100％原子经济利用的有效途径；

（2）掌握金属配合物催化剂的合成方法；

（3）掌握 $CO_2$ 与环氧化合物反应制环状碳酸酯的反应机理和方法。

### 二、实验原理

$CO_2$ 捕集、利用与封存是实现"双碳"目标的主要途径之一。其中催化 $CO_2$ 与环氧化合物反应合成环状碳酸酯不仅转化过程能耗低，且具有 100％ 原子经济性，是 $CO_2$ 绿色高效资源化利用的有效途径。环状碳酸酯是优良的高沸点极性溶剂、锂电池电解液以及合成一些医药和精细化工产品的重要原料。

$CO_2$ 是一种惰性分子，能量较低，而环氧化合物具有较大的环张力，是一类能量较高的化合物。因此，$CO_2$ 与环氧化合物反应生成环状碳酸酯是一类热力学可行的反应。但是与其他 $CO_2$ 转化途径一样，这类反应具有较高的能垒，需要使用催化剂来降低反应活化能。目前，用作 $CO_2$ 与环氧化合物反应生成环状碳酸酯的催化剂主要有离子液体催化剂体系和金属配位催化剂体系。在上述两类催化体系当中,金属配位催化剂具有容易活化、结构容易调控等独特优势。图 4-12-1 所示为 $CO_2$ 与环氧化合物反应生成环状碳酸酯的反应式。

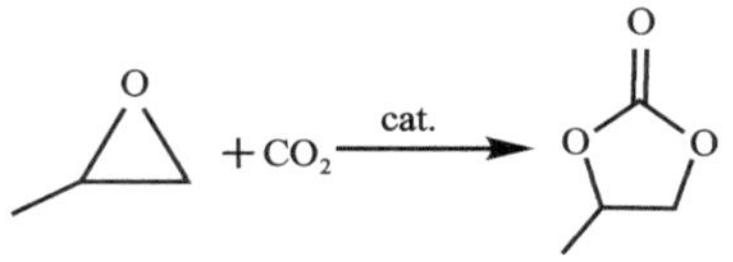

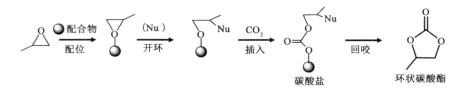

图 4-12-1　$CO_2$ 与环氧化合物反应生成环状碳酸酯的反应式

一般而言,单独使用配合物催化剂对上述反应没有催化作用,需要加入具有亲核性能的离子型助催化剂(通常含卤素离子)构成双组分催化剂,其催化反应机理(图 4-12-2)如下:首先,环氧化合物以氧原子与金属配位中心配位而被活化,随后环氧化合物被亲核试剂进攻发生开环反应形成金属-烷氧化合物,开环后的反应中间体与 $CO_2$ 发生亲核加成生成金属键合的碳酸盐,该碳酸盐发生回咬反应生成五元环状碳酸酯。环状碳酸酯是该反应的热力学稳定产物。

图 4-12-2　$CO_2$ 与环氧化合物催化加成制环状碳酸酯的反应机理

Salen 型催化剂体系是一种常见的催化 $CO_2$ 与环氧化合物加成的催化剂。Salen 金属配合物催化体系具有易于合成、配体以及配合物结构易于修饰、反应条件温和等诸多优点,以 Co(Ⅲ) 和 Cr(Ⅲ) 作为配位离子时,配合物显示出较高的催化活性。Salen-Co 催化剂的合成分为两步,首先以水杨醛和邻苯二胺为原料合成 $SalenH_2$ 配体,再与 Co(Ⅲ) 配位合成 Salen-Co 催化剂,如图 4-12-3 所示。

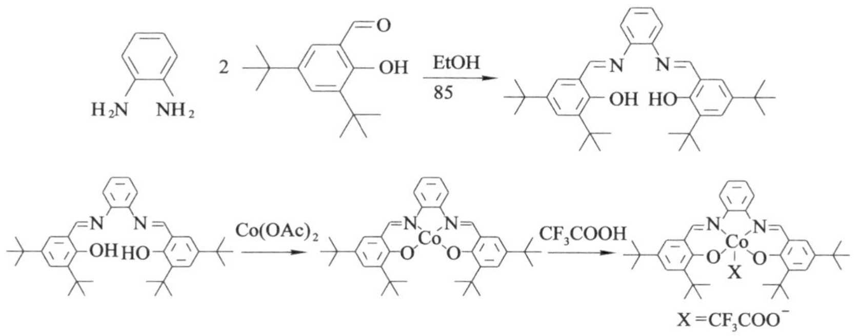

图 4-12-3　Salen-Co 金属配合物催化剂的合成路线

## 三、仪器与试剂

高压反应釜、电子分析天平、气相色谱仪、真空干燥箱、磁力加热搅拌器、真空循环水泵、三口烧瓶、布氏漏斗、恒压滴液漏斗、冷凝管，3,5-二叔丁基水杨醛、邻苯二胺、醋酸钴、四丁基碘化铵、环氧丙烷、三氟乙酸、无水乙醇、二氯甲烷、$CO_2$ 气体。

## 四、实验步骤

1. Salen-Co 金属配合物催化剂的合成

（1）配体合成

将 1.17 g（0.05 mol）3,5-二叔丁基水杨醛置于装有恒压滴液漏斗、球形回流冷凝管以及氮气入口塞的 250 mL 三口烧瓶中，放入转子，加入 20 mL 无水乙醇，通氮气保护。将三口烧瓶置于磁力加热搅拌器中加热搅拌并冷却回流，待 3,5-二叔丁基水杨醛完全溶解后，通过恒压滴液漏斗逐滴加入溶有 2.70 g（0.025 mol）邻苯二胺的 8 mL 无水乙醇溶液，反应过程中逐渐有浅黄色固体生成。滴加完邻苯二胺溶液后继续反应 2 h 后缓慢冷却至室温。减压过滤收集黄色固体，滤饼用无水乙醇洗涤 3～4 次。将滤饼置于 60 ℃下真空干燥至恒重，得到亮黄色固体二(3,5-二叔丁基水杨醛)-邻苯二胺配体（$SalenH_2$）。

（2）配合物合成

准确称取 1.00 g（0.174 mmol）$SalenH_2$ 配体加入装有 10 mL 二氯甲烷

的三口烧瓶中,室温下搅拌,待配体完全溶解后加入 5 mL 溶有 0.69 g 醋酸钴的无水乙醇溶液,继续搅拌反应 1 h 后冷却至室温。减压过滤收集红色固体产物,滤饼经无水乙醇溶液反复洗涤 3～4 次,真空干燥得到固体备用。称取 1.00 g 红色固体加入含有 $CF_3COOH$(0.198 4 g,130 $\mu L$)的 10 mL 二氯甲烷溶液中,通入空气,室温下避光搅拌 2 h。待反应完全后,过滤除去不溶物。减压蒸馏除去滤液中的溶剂得到粗产物,粗产物用正己烷重结晶,得到的最终产物在真空下干燥备用。

2. 环状碳酸酯的合成

量取 1 mL 环氧丙烷放入 10 mL 反应釜中,分别加入 0.15％摩尔当量的 Salen-Co 催化剂与 0.5％摩尔当量的四丁基碘化铵助催化剂,拧紧反应釜。将反应釜置于冰水浴中,待釜内温度冷却至 15 ℃ 以下后用 $CO_2$ 置换出釜内空气(2～3 次)。随后在室温下将釜内压力充至 2.0 MPa,将反应釜放入恒温磁力加热搅拌器中,设定反应温度 85 ℃,反应时间 12 h。反应结束后将反应釜缓慢冷却至室温,通过排气阀释放釜内未反应的 $CO_2$,拧开釜盖,取出反应粗产物。过滤除去催化剂,将滤液在 30～35 ℃ 下减压蒸馏除去未反应的环氧丙烷,称重。

3. 环状碳酸酯的纯度测定

取少量产物稀释至(5～10)×10$^{-6}$ g/mL,用干净的微型注射器取 20 $\mu L$ 稀释后的样品(注:针管内不能含有气泡)通过进样口注入已经开机运行并设定好升温程序的气相色谱仪中,按下运行按钮,运行结束后提取分析报告,通过气相色谱中产物的峰面积比估算产物含量。

## 五、数据记录和处理

将数据记录于表 4-12-1 和表 4-12-2 中。

表 4-12-1  实验数据

实验日期:＿＿＿＿＿　气温:＿＿＿℃　　大气压:＿＿＿＿MPa

| 环氧丙烷 V/mL | $CO_2$ /MPa | 催化剂 /mg | 助催化剂 /mg | 反应温度 /℃ | 反应时间 /h | 产物/g |
|---|---|---|---|---|---|---|
|  |  |  |  |  |  |  |
|  |  |  |  |  |  |  |

表 4-12-2　实验记录

| 反应温度/℃ | 反应时间/h | 反应压力/MPa |
|---|---|---|
|  |  |  |
|  |  |  |
|  |  |  |
|  |  |  |

环氧丙烷(PO)转化率:

$$CVR_{PO} = \frac{n_c}{n} = \left(1 - \frac{n_s}{n}\right) \times 100\%$$

式中　$n$——环氧丙烷总摩尔数;

　　　$n_c$——反应消耗环氧丙烷摩尔数;

　　　$n_s$——反应剩余环氧丙烷摩尔数。

环状碳酸酯(PC)选择性:

$$S_{PC} = \frac{m_c \times C}{m} \times 100\%$$

式中　$m$——反应消耗环氧丙烷生成环状碳酸酯和聚碳酸酯的理论质量;

　　　$m_c$——反应后粗产品的质量;

　　　$C$——产物中环状碳酸酯的百分数。

## 六、实验注意事项

(1) 反应釜应尽可能拧紧,防止反应气体逸出。

(2) 环氧丙烷沸点较低,用 $CO_2$ 置换出釜内空气前应将釜内温度冷却至 15 ℃以下。

(3) 反应过程中应时刻关注釜内压力变化。

(4) 反应结束后,可将反应釜冷却至 15 ℃以下,再通过排气阀将未反应的 $CO_2$ 排出。

(5) 严禁带压拧开反应釜。

(6) 打开反应釜后尽快称取反应混合物质量。

## 七、思考题

（1）实验误差的产生有哪些方面？

（2）$CO_2$ 有哪几类化学转化途径？$CO_2$ 100％原子经济利用可转化成哪些化学化工产品？

（3）影响金属配合物催化剂的因素有哪些？

（4）反应中会有哪些可能的副产物生成？

# 实验十三　$CO_2$ 与环氧丙烷反应制聚碳酸酯

## 一、实验目的

（1）掌握金属配合物催化剂催化 $CO_2$ 与环氧化合物反应制聚碳酸酯的反应机理；

（2）理解反应动力学控制产物和反应热力学控制产物的基本原理。

## 二、实验原理

聚碳酸酯，是一种无色透明的热塑性树脂，具有耐用性、耐光性和抗碎裂性等良好的机械性能，被广泛应用于建材行业、汽车制造、航空航天、生物医学、医药等领域。同时，聚碳酸酯的分子链中带有可被生物分解的酯基团，经过加速降解或自然降解都可分解为二元醇和二氧化碳等物质，并不会对环境造成污染，被认为是一种极具潜力的新型高分子材料。$CO_2$ 与环氧化合物加成制聚碳酸酯是 $CO_2$ 100％原子经济利用的另一途径，是重要的绿色聚合工艺之一。图 4-13-1 所示为 $CO_2$ 与环氧化合物反应生成聚碳酸酯反应式。

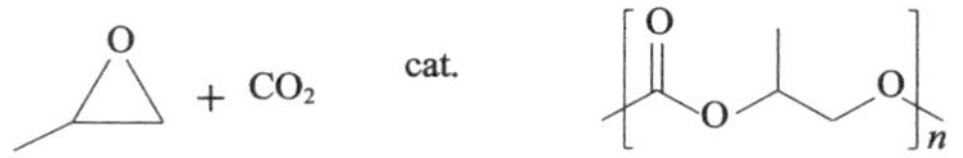

图 4-13-1　$CO_2$ 与环氧化合物反应生成聚碳酸酯

　　$CO_2$ 与环氧化合物加成制聚碳酸酯的反应机理与 $CO_2$ 和环氧化合物加成制环状碳酸酯相似,所用催化剂体系也与用它们制环状碳酸酯所用催化剂相同,即使用配合物催化剂卤素离子助催化剂组成的双组分催化剂,但助催化剂要选亲核性能稍微弱的卤素离子。$CO_2$ 与环氧化合物加成制聚碳酸酯的反应机理(图 4-13-2)如下:首先,环氧化合物以氧原子与金属配位中心配位而被活化;随后环氧化合物被亲核试剂进攻发生开环反应形成金属-烷氧化合物;开环后的反应中间体与 $CO_2$ 发生亲核加成生成金属键合的碳酸盐;生成的碳酸盐则作为环氧化合物开环的亲核试剂不断与环氧化合物和 $CO_2$ 反应形成聚碳酸酯。

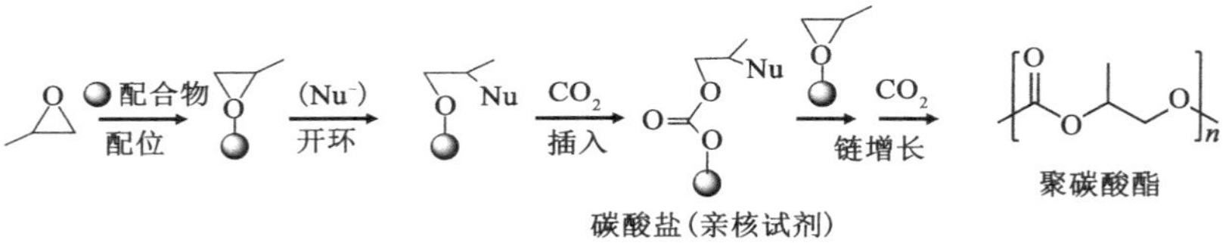

图 4-13-2　$CO_2$ 与环氧化合物催化加成制聚碳酸酯反应机理

　　聚碳酸酯是动力学产物,是在反应动力学控制下生成的产物,升高温度会使反应向右进行,环状碳酸酯增加,环状碳酸酯是热力学产物。在动力学控制下,反应速率是由反应物分子的运动和相互作用决定的。这种类型的反应通常需要较高的能量输入,例如加热或加入催化剂,以增加反应物分子的运动速度和碰撞频率。动力学控制下的产物通常包括一些过渡态和中间体,这些过渡态和中间体在反应过程中形成了反应的路径。

## 三、仪器与试剂

　　高压反应釜、电子分析天平、凝胶渗透色谱仪、真空干燥箱、磁力加热搅拌器、真空循环水泵、钴配合物催化剂、四丁基氯化铵、环氧丙烷、氢化钙、盐酸、无水乙醇、四氢呋喃、$CO_2$ 气体。

## 四、实验步骤

1. Salen-Co 金属配合物催化剂的合成
催化剂的合成方法见实验二十三。

2. 聚碳酸酯的合成

量取 5 mL 经纯化后的环氧丙烷放入 50 mL 反应釜中，分别加入0.05%摩尔当量的 Salen-Co 催化剂与 0.1%摩尔当量的四丁基氯化铵助催化剂，拧紧反应釜。将反应釜置于冰水浴中，待釜内温度冷却至 15 ℃ 以下后用 $CO_2$ 置换出釜内空气（2～3 次）。随后在室温下将釜内压力充至 3.0 MPa，将反应釜放入恒温磁力加热搅拌器中，设定反应温度 40 ℃，反应时间 6 h。反应结束后将反应釜缓慢冷却至室温，通过排气阀释放釜内未反应的 $CO_2$，拧开釜盖，取出反应粗产物。将产物在 30～35 ℃ 下减压蒸馏，除去未反应的环氧丙烷。蒸馏结束后将剩余的产物溶解在四氢呋喃中，缓慢加入含有 5%HCl 的乙醇溶液，如果有聚碳酸酯生成则会产生大量白色沉淀，过滤收集产品，重复该步骤 2～3 次。最后得到的聚碳酸酯在 50 ℃ 下真空干燥 6 h，称重。

3. 聚合物的分子量测定

取少量聚碳酸酯配制成 2～5 mg/mL 四氢呋喃溶液，用干净的微型注射器取 20 μL 通过进样口注入已经开机运行并设定好参数的液相凝胶色谱仪中，运行结束后读取分子量数据。

## 五、数据记录和处理

将数据记录于表 4-13-1 和表 4-13-2 中。

表 4-13-1　实验数据

| 环氧丙烷 /mL | $CO_2$ /MPa | 催化剂 /mg | 助催化剂 /mg | 反应温度 /℃ | 反应时间 /h | 产物/g |
|---|---|---|---|---|---|---|
|  |  |  |  |  |  |  |
|  |  |  |  |  |  |  |

表 4-13-2　数据记录

| 反应温度/℃ | 反应时间/h | 反应压力/MPa |
|---|---|---|
|  |  |  |
|  |  |  |
|  |  |  |
|  |  |  |

环氧丙烷（PO）转化率：

$$CVR(PO) = \frac{n_c}{n} = \left(1 - \frac{n_s}{n}\right) \times 100\%$$

式中　$n$——环氧丙烷总摩尔数；

　　　$n_c$——反应消耗环氧丙烷摩尔数；

　　　$n_s$——反应剩余环氧丙烷摩尔数。

聚碳酸酯（PPC）选择性：

$$S(PPC) = \frac{m_p}{m} \times 100\%$$

式中　$m$——反应中所消耗环氧丙烷理论上可以生成聚碳酸酯的质量；

　　　$m_p$——反应实际生成聚碳酸酯的质量。

## 六、实验注意事项

（1）反应釜应尽可能拧紧，防止反应过程中气体逸出。

（2）环氧丙烷使用前需经氢化钙回流纯化。

（3）环氧丙烷沸点较低，用 $CO_2$ 置换出釜内空气前应将釜内温度冷却至 15 ℃以下。

（4）反应过程中应时刻关注釜内压力变化。

（5）反应结束后，可将反应釜冷却至 15 ℃以下，再通过排气阀释放未反应的 $CO_2$。

（6）严禁带压拧开反应釜。

（7）打开反应釜后尽快称取反应混合物质量。

## 七、思考题

（1）实验误差的产生有哪些方面的原因？

（2）什么是热力学控制产物和动力学控制产物？控制哪些因素可以得到相应的产物？

（3）助催化剂中阴离子的亲和性是如何影响反应的？

# 实验十四　电催化二氧化碳还原制化学品

## 一、实验目的

（1）了解催化剂类型及其对电催化转化的影响；

（2）掌握 $CO_2$ 电催化转化的基本原理；

（3）熟悉电催化系统和 H 型电解池。

## 二、实验原理

$CO_2$ 还原的本质是 $CO_2$ 分子接受电子和质子后发生化学反应生成新的化学物质。$CO_2$ 是一个稳定的线性三原子非极性分子，C—O 键的解离能高达 750 kJ/mol，需要较高的外部能量才能活化并转化为高价值产品。$CO_2$ 还原成其他含碳产物是一个涉及多电子转移的反应过程，根据吉布斯自由能和热力学性质数据，可知各种产物的还原电势，如表 4-14-1 所示。热力学计算结果表明 $CO_2$ 在水溶液中发生电还原的理论电位与析氢电位接近，并不是很大。$CO_2$ 难以被还原的主要原因是还原的第一步二氧化碳分子的活化，$CO_2 + e^- \longrightarrow CO_2^{\cdot-}$ 需要克服的电势较高。

**表 4-14-1　电催化二氧化碳还原的电极电势**

**（1 atm，25 ℃，水溶液体系，相对于标准氢电极）**

| 阴极半反应 | 标准还原电势 $E^{\ominus}/V$ |
|:---:|:---:|
| $CO_2(g) + 2H^+ + 2e^- \longrightarrow HCOOH(l)$ | $-0.250$ |
| $CO_2(g) + 2H^+ + 2e^- \longrightarrow CO(g) + H_2O(l)$ | $-0.106$ |
| $2CO_2(g) + 2H^+ + 2e^- \longrightarrow H_2C_2O_4(aq)$ | $-0.500$ |
| $CO_2(g) + 6H^+ + 6e^- \longrightarrow CH_3OH(l) + H_2O(l)$ | $0.016$ |
| $CO_2(g) + 8H^+ + 8e^- \longrightarrow CH_4(g) + 2H_2O(l)$ | $0.169$ |
| $2CO_2(g) + 12H^+ + 12e^- \longrightarrow CH_2CH_2(g) + 4H_2O(l)$ | $0.064$ |
| $2CO_2(g) + 12H^+ + 12e^- \longrightarrow CH_3CH_2OH(g) + 3H_2O(l)$ | $0.084$ |

目前已报道的 $CO_2$ 还原产物有十几种,根据含碳数,可以分为 $C_1$ 产物:甲烷($CH_4$)、一氧化碳(CO)、甲醛(HCHO)、甲醇($CH_3OH$)、甲酸或甲酸根($HCOOH/HCOO^-$);$C_2$ 产物:乙烯($C_2H_4$)、乙烷($C_2H_6$)、乙醇($C_2H_5OH$)、乙酸($CH_3COOH$)和草酸($H_2C_2O_4$);$C_{2+}$ 产物:正丙醇($n\text{-}C_3H_7OH$)等。根据化学热力学基本公式 $\Delta G = -nFE^{\ominus}$,其中 $n$ 表示电子转移数,$F$ 为法拉第常数,$E^{\ominus}$ 为发生阴极反应的标准还原电势,可知电还原 $CO_2$ 生成醇类和碳烃化合物在热力学上更容易发生。但是除了热力学影响因素外,还有反应动力学问题,反应过程受到质子浓度和电子传输速度等的影响,对于产物的选择性起到决定性作用。

电催化 $CO_2$ 还原催化剂的类型众多,其中研究最为广泛的是金属催化剂。根据获得产物的种类,可以将金属催化剂分为以下几类:第一类包括铅、汞、铟、锡、镉、铋等,该类催化剂具有较高的析氢过电位,将 $CO_2$ 活化为自由基需要较高的电位,并且 $*CO$ 和 $CO_2^{*-}$ 的吸附或稳定性较弱,所以还原产物主要为甲酸或甲酸根;第二类包括金、银、锌等,具有适中的析氢过电位,对 $*CO$ 吸附较弱,所以产物主要为一氧化碳;第三类金属包括镍、铁、铂等,几乎不能催化 $CO_2$ 还原,产物主要来自水还原产生的氢气,该类金属表面主要发生析氢反应;第四类金属是铜,是目前报道的唯一能在常温常压下水溶液中电催化 $CO_2$ 至高级碳氢产物的金属,这主要是由于铜对 $*CO$ 具有适中的结合强度,有利于进一步转化。常用催化剂类型还有金属合金、金属氧化物、金属硫化物以及非金属催化剂等。除此之外,反应物的浓度、应用电势、电解温度、电解液等均会影响电催化 $CO_2$ 还原最终产物的选择性。

由于传质限制的影响,电催化反应器的类型对于电催化 $CO_2$ 的活性也有重要影响。H 型电解池是实验室中研究电催化的常用装置,它由阴阳两室和三个电极组成,如图 4-14-1 所示。

阴极室和阳极室通过质子交换膜隔开,防止阴极还原产物被氧化。$CO_2$ 气体通入阴极室,溶解的 $CO_2$ 分子吸附在催化剂表面并发生还原反应,气体产物可以直接连接气相色谱仪检测,阳极室发生析氧反应。该反应器成本低且易于操作,但是 $CO_2$ 在水系电解液中的溶解度有限,导致催化活性低。流动型电解池能够实现高电流密度和半电池性能,但是由于电池电压高和能量转换效率低,全电池性能远未达到商业需求。膜电极在阴极侧不需要

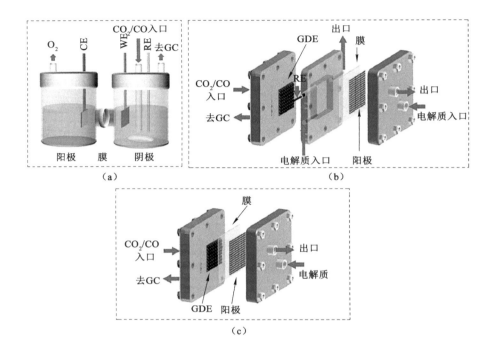

图 4-14-1　三种类型的电催化反应器示意图

电解液,水由气相或阳极电解液的扩散提供,因此可以降低电池内阻和电池电压以实现高活性,大规模应用仍有待开发。

### 三、仪器与试剂

电子分析天平、移液枪、超声波清洗器、H 型反应器、铂电极夹、铂电极、Ag/AgCl 电极、磁力搅拌器、电化学工作站、气相色谱等。碳酸氢钾、氧化亚铜或氧化铜纳米粉、泡沫铜、碳纸、Nafion 溶液、去离子水、异丙醇等。

### 四、实验内容与步骤

1. 工作电极的制备

(1) 称取 2.5 mg 催化剂放入体积为 2.0 mL 的离心管中,使用移液枪移取 500 μL 异丙醇和水的混合溶液(体积比为 1∶1),之后再加入 2.5 μL 浓度为 5% 的 Nafion 溶液,超声 30 min 使其分散均匀。最后,使用量程为

100 μL 的移液枪少量多次地将混合液均匀滴加在 1.2 cm×1.0 cm 的碳纸上,待溶剂蒸发干燥后,制得工作电极。

（2）将泡沫铜或泡沫镍裁剪为 1.2 cm×1.0 cm,直接连接在铂电极夹上作为工作电极使用。

2. H 型电解池的组装

使用质子交换膜将阴阳两室隔开,确保电解池连接紧密。阴极室使用 0.1 mol/L 的碳酸氢钾水溶液作为电解液,阳极室使用 0.1 mol/L 的硫酸作为电解液。将工作电极和 Ag/AgCl 参比电极组装在阴极室,铂电极组装在阳极室。电解之前,向阴极室通入 30 min 二氧化碳气体,使其在电解液中饱和并排除阴极室内空气。通气结束后,将电解池与电化学工作站相连,选择恒电压电解程序,设置电解时间和电解电压后,进行电化学恒电压测试。在恒电压测试过程中,始终通入二氧化碳,同时收集气相和液相产物,其成分和含量使用气相色谱仪和核磁共振氢谱仪检测。

3. 产物的检测

（1）气相产物的检测和标定

气相色谱仪中 TCD 热导检测器对一氧化碳和氢气具有较高的灵敏度,FID 检测器对甲烷、乙烯和乙烷等碳氢化合物具有较高的灵敏度。通过内标法对气相产物进行标定,以甲烷为例。首先,定量取出不同体积的甲烷标准气,使用二氧化碳气体稀释后,得到不同浓度的混合气,将混合气注入气相色谱仪中,记录甲烷和二氧化碳的出峰时间和出峰面积,然后以甲烷浓度为横坐标、出峰面积为纵坐标,即可绘制甲烷出峰面积和浓度之间的线性关系标准曲线。

（2）液相产物的检测和标定

通过核磁共振氢谱仪对液相产物进行检测,可以使用氘代试剂作为内标物,得到液相产物的含量,具体不做要求。

## 五、数据记录及处理

1. 实验参数记录

记录电解时间和电解电压,收集气相和液相产物的时间。

2. 产物检测数据

记录气相色谱数据和核磁共振氢谱数据。

## 六、思考题

（1）二氧化碳在水中的溶解度较差，无法有效传输至催化剂表面发生反应，限制了电催化 $CO_2$ 的转化性能，试从传质角度提出改善措施。

（2）H 型电解池中使用质子交换膜将阴阳两室隔开，这起到了什么作用？

（3）催化剂的类型众多，如何选择和设计催化剂从而提高电催化二氧化碳还原成特定产物的选择性？

# 实验十五　电催化二氧化碳还原制甲酸

## 一、实验目的

（1）了解 $CO_2$ 电催化还原反应的影响因素以及实验技能；

（2）掌握电化学工作站的操作方法以及产物检测方法；

（3）认识 $CO_2$ 电催化反应在碳中和背景下的战略意义。

## 二、实验原理

$CO_2$ 电催化还原反应利用水作为氢的来源，由太阳能和风能等可再生电力驱动，在关闭碳循环的同时减少对化石燃料的依赖方面具有巨大的潜力。$CO_2$ 是温室效应的主要气体，同时还是一种价格便宜储量丰富的原料，如果能够加以利用生成高附加值产物，将真正实现"变废为宝"。

甲酸，又称作蚁酸，分子式为 HCOOH。甲酸无色而有刺激气味，且有腐蚀性，人类皮肤接触后会起泡红肿。甲酸同时具有酸和醛的性质。在化学工业中，甲酸被用于橡胶、医药、染料、皮革种类工业。

$CO_2$ 电催化还原是通过发生多个质子耦合电子转移反应进行的。$CO_2$ 电催化还原到甲酸需要转移两个电子，具体的反应式为：

$$CO_2 + 2H^+ + 2e^- \longrightarrow HCOOH_{(aq)}$$

在实验中，采用的反应器主要有单池反应池和 H 型反应池，用一定浓度的 $KHCO_3$ 作为电解液。铋、锡等金属为常见的产甲酸催化剂，可在常温常压下进行催化反应,甲酸一般作为唯一的液相产物。常用的检测方法为核磁氢谱法。由于反应还伴随着氢气和 CO 的产生,常用气相色谱来进行检测。

本实验采用经典的 H-cell 作为反应单元装置,高纯 $CO_2$ 作为反应原料气,0.5 mol/L $KHCO_3$ 作为电解液,金属铋粉作为催化剂,Ag/AgCl 作为参比电极,铂丝作为对电极。反应装置如图 4-15-1 所示,反应池为 H 型电解池,分为阴极室和阳极室,中间由质子交换膜隔开,阴极室和阳极室中均填充一定量的电解液。催化剂滴在碳纸上作为工作电极,反应前先向反应器阴极室内通入 $CO_2$,使电解液中的 $CO_2$ 饱和,并排除其余气体的干扰。反应过程中在工作电极上施加一定的负电压,进行恒电压电解,期间阴极室的出气口直接连接气相色谱,用于测量 $H_2$、CO 等气相产物。反应结束后取电解液测量液相产物浓度,液相产物用核磁氢谱定量,测量之前首先得到一组标准曲线。核磁测量使用重水作为溶剂,DSS 作为内标。

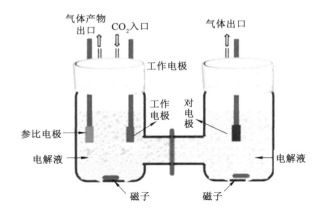

图 4-15-1 实验装置流程示意图

### 三、仪器与试剂

H-cell 电解池,电子分析天平,电化学通道,磁力搅拌器,500 μL 移液管,100 mL 量筒,$CO_2$(99.999%),碳酸氢钾(0.5 mol/L),DSS(6 mmol/L),重水(分析纯),Nafion 溶液,铋粉(500 nm),碳纸,去离子水。

## 四、实验步骤

（1）精确称取铋粉 10 mg，溶于 1 mL 的 Nafion 溶液中，将碳纸裁剪成 1 cm×1 cm 的大小，用移液管取溶液滴于碳纸上，每片碳纸负载的催化剂大概为 1 mg/cm² 。然后将碳纸放于 40 ℃烘箱中烘 2 h。

（2）取一定量的电解液放置于阴阳极室中，装好参比电极、工作电极和对电极，其中工作电极（碳纸）用电极夹夹住，以 10 mL/min 的流速通入 $CO_2$ 。

（3）反应器的阴极出气口接到气相色谱仪上面，电极接上电化学工作站的通道，在－1.2 V vs. Ag/AgCl 的电位下反应半个小时，期间气相色谱仪持续进样。

（4）反应结束后取阴极室电解液，用核磁法测甲酸的浓度。

（5）分别取 500 $\mu$L 重水、100 $\mu$L DSS 和 100 $\mu$L 电解液加入核磁管，核磁谱出峰后和标准曲线比较，得到甲酸浓度。

（6）记录气体流速、电解液体积、电流大小以及电荷量等关键信息，分别计算 $H_2$ 、CO 和甲酸的法拉第效率。

（7）将电位更改到－1.4 V vs. Ag/AgCl，－1.6 V vs. Ag/AgCl 和－1.8 V vs. Ag/AgCl 的电位，分别记录。

（8）用无水酒精清洗反应装置，收拾试验台。

## 五、数据记录和处理

将数据记录于表 4-15-1 中。

表 4-15-1　实验数据

| 时间/min | 电流/mA | $CO_2$ 流速 /(mL/min) | 电解液体积/mL | $H_2$ /×$10^{-6}$ | CO /×$10^{-6}$ | 甲酸 /×$10^{-6}$ |
|---|---|---|---|---|---|---|
|  |  |  |  |  |  |  |
|  |  |  |  |  |  |  |
|  |  |  |  |  |  |  |
|  |  |  |  |  |  |  |
|  |  |  |  |  |  |  |

1. 气相产物的计算

$$FE = \frac{C_{product} \times 10^{-6} \times v_{CO_2} \times 10^{-3} \times t \times \alpha \times 96\,485}{22.4 \times Q} \times 100\%$$

式中，$C_{product}$ 为浓度，$v_{CO_2}$ 是 $CO_2$ 流速，$\alpha$ 电子转移数，$t$ 反应时间，$Q$ 为电荷量。

2. 液相产物的计算

$$FE = \frac{C_{product} \times 10^{-6} \times V \times \alpha \times 96\,485}{M_{product} \times Q} \times 100\%$$

式中，$C_{product}$ 为浓度，$V$ 为电解液体积，$\alpha$ 是电子转移数，$M_{product}$ 为产物分子量，$Q$ 为电荷量。

## 六、实验注意事项

（1）实验中气量不宜太大，避免出现大量的气液夹带。

（2）注意阴、阳极不要接反，防止短路。

（3）实验过程中电解液不宜过多，防止洒漏或者进入色谱。

（4）催化剂滴在碳纸之后要充分烘干，否则会有杂质。

## 七、思考题

（1）分析实验中出现的实验误差有哪些？

（2）常见的电解池有哪些类型？各有什么特色？

（3）增大通气量对反应有何影响？

（4）反应电压对实验结果有何影响？

# 实验十六　光催化还原二氧化碳

## 一、实验目的

（1）了解光催化的原理；

（2）掌握纳米二氧化钛光催化还原 $CO_2$ 的方法；

（3）探究光催化还原 $CO_2$ 的影响因素。

## 二、实验原理

在工业生产中由于化石燃料的燃烧释放大量的温室气体,其主要成分为二氧化碳($CO_2$),这是全球气候变暖的主要原因。光催化可以将 $CO_2$ 和 $H_2O$ 转变为碳氢化合物,如 $CO$、$CH_4$、$CH_3OH$、$HCHO$ 等,这样一来不但解决了温室气体的排放,而且作为还原产物的碳氢燃料提供了一个新型能源的途径,是实现碳循环的有效方法之一。

二氧化钛($TiO_2$)具有廉价、无毒、光稳定性好、容易制备等优点,被广泛应用在光催化还原 $CO_2$ 和有机污染物降解等方面。$TiO_2$ 是一种 n 型半导体,半导体催化剂吸收足够能量的入射光后,价带电子被入射光激发后跃迁至导带中,由此产生光生电子和空穴对。当光生电子空穴对通过迁移,到达半导体表面时,与吸附在半导体表面的光催化反应物质发生一系列氧化还原反应。

由于 $CO_2$ 中的 C 处于最高价态(+4 价),所以 C 只能被反应中提供的还原剂还原。$H_2O$ 由于具有无污染等优点,被认为是光催化还原 $CO_2$ 反应中最适合的还原剂之一。光催化是在 $TiO_2$ 半导体表面发生氧化-还原反应,具有还原能力的电子将 $CO_2$ 还原为 $CO$、$CH_4$、$CH_3OH$ 等碳氢化合物,具有氧化能力的空穴将 $H_2O$ 氧化产生质子,帮助 $CO_2$ 还原并释放 $O_2$。实验原理如图 4-16-1 所示。

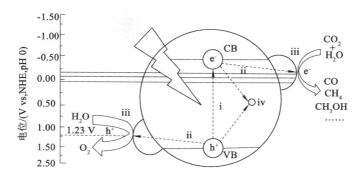

图 4-16-1　光催化 $CO_2$ 加水反应的基本原理图

$CO_2$ 具有高热力学稳定性,这是由于其外层电子呈闭壳排布,C≡O 键的解离能达到 750 kJ/mol,因此 $CO_2$ 分子接受电子发生还原反应的过程比较困难,需要较高的能量。光催化 $CO_2$ 加水反应是一个由质子辅助的多电子反应,反应经过多次还原过程,生成多种中间产物。因此,反应的选择性差,目标产物转化率低。后续的还原路径受到各方面因素的影响,例如催化剂表面吸附反应物、催化剂表面的晶格缺陷等原因。

### 三、仪器与试剂

光催化反应器、氙灯光源、进样针、玻璃培养皿、气相色谱仪、压力表、滴管、电子天平、锐钛矿型纳米 $TiO_2$、去离子水、高纯 $CO_2$ 钢瓶。

### 四、实验步骤

(1)称取 80 mg 锐钛矿型纳米 $TiO_2$ 粉末放入培养皿中,向其中加入 2 mL 去离子水使催化剂均匀铺开,随后将其置于干燥箱中将去离子水蒸干,使 $TiO_2$ 催化剂均匀分散在培养皿中。

(2)打开光催化反应器的螺丝,取下反应器的石英玻璃盖,用镊子小心将盛有纳米 $TiO_2$ 的培养皿置于反应器底部,并在培养皿外围加入 2 mL 去离子水,盖上反应器的石英玻璃盖,拧紧螺丝将反应器密封。

(3)将密封好的光反应器进气口和出气口分别与 $CO_2$ 钢瓶和真空水泵连接。打开 $CO_2$ 钢瓶并调节好进气流量备用。首先打开光反应器的出气阀门,打开真空泵将压力抽至 -0.1 MPa 以排出反应器中的空气;随后关闭出气阀,打开进气阀充入 $CO_2$ 气体使压力达到 0.1 MPa,重复以上抽、充气过程 3 次以保证反应器中空气排除干净,并充入 $CO_2$ 气体。

(4)接着将反应器放置在模拟太阳光源正下方,调节好两者之间的距离,用锡箔纸将光源和反应器包裹以避免强光直射眼睛;随后打开氙灯电源和光源开关并将电流调至 1.8 A,光照 2 h。

(5)反应结束后,关闭氙灯电源,用进样针从反应器取样口抽取 1 mL 气体在气相色谱仪上进行检测,分析气体产物。

### 五、数据记录及处理

根据以下几个数据来评价所制样品的光催化性能,计算公式如下:

CO 产生速率：

$$CO 产生速率＝CO 产量（\mu mol）/催化剂使用量（g）$$

$CH_4$ 产生速率：

$$CH_4 产生速率＝CH_4 产量（\mu mol）/催化剂使用量（g）$$

## 六、思考题

（1）影响光催化效率的因素有哪些？

（2）二氧化钛的结构和形貌对光催化有什么影响？

# 第五章 绿色化工催化实验

## 实验十七 纳米二氧化钛光催化剂的制备

### 一、实验目的

（1）掌握利用简单的原料制备纳米材料的基本方法和原理；

（2）了解二氧化钛的应用和多种制备方法的优缺点；

（3）了解纳米半导体材料的性质；

（4）了解纳米半导体光催化的原理；

（5）掌握光催化材料活性的评价方法。

### 二、实验原理

纳米二氧化钛（$TiO_2$）是一种 n 型半导体材料，具有安全无毒、价格低廉、光稳定性好等优点，被广泛用于光催化等很多领域。$TiO_2$ 按晶体结构可以分为三种：锐钛矿型（Anatase）、金红石型（Rutile）、板钛矿型（Brookite），如图 5-17-1 所示。金红石型 $TiO_2$ 的催化活性是非常低的，主要用作白色颜料，板钛矿型晶体结构很不稳定，在自然界中比较稀少。锐钛矿型 $TiO_2$ 晶体结构由四面体配位的氧化钛组成，具有较高的活性表面，同时锐钛矿型纳米 $TiO_2$ 对光的吸收能力强，能够在紫外光照射下引发光催化反应，因此锐钛矿型的光催化活性比其他两者都高。

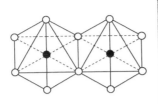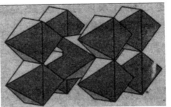

（a）金红石型

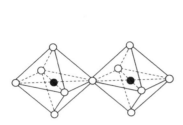

（b）锐钛矿型

图 5-17-1  $TiO_2$ 的晶体结构

目前,制备纳米 $TiO_2$ 的方法很多,主要有溶胶-凝胶法、水热合成法、沉淀法、醇盐水解法、微乳液法和超声波化学法等。溶胶-凝胶法是用来制备纳米 $TiO_2$ 的一种应用较广的方法,与其他方法相比,它具有方法简单、产品纯度高、合成温度低、均匀性好、反应过程易于控制等优点。然而此方法也具有粒径分布范围宽、易团聚、生产周期长等缺点。

溶胶-凝胶法的基本原理是将有机的钛醇盐分散在有机溶液当中,控制其水解过程以形成溶胶或经解凝作用形成溶胶,然后使溶质聚合凝胶化,再对凝胶进行干燥、研磨、煅烧,去除有机成分,即可得到纳米 $TiO_2$。溶胶的形成是钛醇盐水解缩聚反应的过程。控制这一过程的条件有:水量、溶剂、催化剂、pH 值等,常用的催化剂有:$HCl$、$HNO_3$、$CH_3COOH$ 等,通过调控这些因素,就能得到高质量的溶胶。溶胶静置老化得到凝胶,凝胶体系中胶体颗粒或高聚物分子互相交联形成空间网络结构,孔隙则被介质液体填充。这种特殊的网架结构,赋予凝胶以发达的比表面积和良好的烧结活性。

## 三、仪器与试剂

注射泵、恒温加热磁力搅拌器、水浴锅、马弗炉、电子分析天平、超声波清洗机、酸度计、钛酸四丁酯、乙酸、无水乙醇、正丁醇、X 射线衍射仪、透射电子显微镜、紫外-可见分光光度计。

## 四、实验步骤

1. $TiO_2$ 溶胶的制备

将 10 mL 钛酸四丁酯与 35 mL 无水乙醇混合,超声 20 min,记为 A 溶液;再将 4 mL 冰醋酸、10 mL 蒸馏水、35 mL 无水乙醇混合,超声 5 min,记为 B 溶液,用盐酸调节 pH≤3。将 A 溶液缓慢滴加入 B 溶液中,同时对 B 溶液进行剧烈搅拌,搅拌 4 h,然后静置得乳白色凝胶。

2. 凝胶的干燥

将溶胶置于 80 ℃下烘干,除去溶剂,得到黄色晶体。

3. 煅烧

对干燥后的凝胶颗粒进行研磨,然后将粉末放入坩埚中,置于马弗炉中,以 5 ℃/min 的速率升温到 400 ℃,保温 2 h,自然降温,得 $TiO_2$ 粉末。

4. 形貌表征

利用 X 射线衍射分析测试 $TiO_2$ 样品的晶型,场发射扫描电镜分析 $TiO_2$ 样品的微观形貌,紫外-可见光吸收光谱分析估算所制备纳米 $TiO_2$ 的带隙。

## 五、注意事项

实验体系下的最佳制备条件为:
(1) 滴加顺序:A 溶液加入 B 溶液;
(2) 溶剂:无水乙醇;
(3) pH 值:3;
(4) 煅烧温度:400 ℃。

## 六、思考题

(1) 在制备过程中,有哪些因素会影响到 $TiO_2$ 的微观形貌?

(2) 催化剂的结构与光催化材料活性之间的联系有哪些?

# 实验十八　ZSM-5 分子筛制备

## 一、实验目的

(1) 了解 ZSM-5 的结构特点和应用特性;

(2) 掌握 ZSM-5 分子筛制备的主要影响因素和制备技巧;

(3) 认识分子筛催化剂在化学工业中的重要作用。

## 二、实验原理

自然界中存在一种天然硅铝酸盐,它们具有筛分分子、吸附、离子交换和催化等作用。这种天然物质称为沸石,人工合成的沸石也称为分子筛。分子筛的化学组成通式为:$(M)_{2/n}O \cdot Al_2O_3 \cdot xSiO_2 \cdot pH_2O$,M 代表金属离子(人工合成时通常为 Na),$n$ 代表金属离子价数,$x$ 代表 $SiO_2$ 的摩尔数,也称为硅铝比,$p$ 代表水的摩尔数。分子筛骨架的最基本结构是 $SiO_4$ 和 $AlO_4$ 四面体,通过共有的氧原子结合而形成三维网状结构的结晶。这种结合形式,构成了具有分子级、孔径均匀的空洞及孔道。由于结构不同、形式不同,"笼"形的空间孔洞分为 α、β、γ 六方柱,八面沸石等"笼"的结构。

ZSM-5 分子筛是美国 Mobil 公司于 20 世纪 60 年代末合成出来的一种含有机胺阳离子的新型沸石分子筛。由于它在化学组成、晶体结构及物化性质方面具有许多独特性,因此在很多有机催化反应中显示出了优异的催化效能,在工业上得到了越来越广泛的应用,成为石油化工一种颇有前途的新型催化剂。ZSM-5 具有较高的硅铝比,根据需要可合成出不同硅铝比的分子筛,而且可以在 10 至 3 000 以上的范围内变化。

ZSM-5 沸石含有十元环,基本结构单元是由八个五元环组成的。其晶体结构属于斜方晶系,空间群 Pnma,晶格常数 $a=20.1$ Å[①],$b=19.9$ Å,$c=13.4$ Å。它具有特殊的结构,没有 A 型、X 型和 Y 型沸石那样的笼,其孔道就是一种空腔。一种骨架由两种交叉的孔道系统组成,直筒形孔道是椭圆形,孔径约 $5.3×5.6$ Å;另一种是"Z"字形横向孔道,截面接近圆形,孔径为 $5.1×5.5$ Å,属于中孔沸石。"Z"字形孔道的折角为 $110°$。钠离子位于十元环孔道对称面上。其阴离子骨架密度约为 $1.79$ g/cm³。因此,ZSM-5 沸石的晶体结构非常稳定。ZSM-5 的空间结构如图 5-18-1 所示。

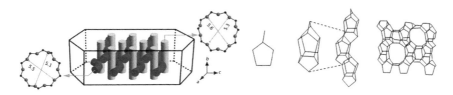

图 5-18-1　ZSM-5 的空间结构

水热合成法是在沸石分子筛合成中最常用和最有效的途径,深入研究分子筛水热合成的主要困难是对分子筛的生成机理了解得还不够清楚。但是,对于沸石分子筛的合成来说无论哪种生成机理,其晶化过程都要经历相同的基本步骤:多硅酸盐与铝酸盐的再聚合、分子筛成核、核生长、分子筛晶体的生长以及引起的二次成核。为了很好地控制和调变沸石分子筛的合成反应,最重要的是研究反应条件对合成反应的影响。根据多年的实践经验,下列影响因素在沸石分子筛的合成中占有很重要的地位,主要包括:反应物的组成、硅铝比、碱度、陈化、晶化温度与时间等。研究这些因素对于合成沸石具有很重要的意义。

## 三、仪器与试剂

聚四氟内衬不锈钢反应釜、磁力搅拌器、离心机、烘箱、正硅酸乙酯(分析纯)、30％水玻璃、30％硅溶胶、25％四丙基氢氧化铵、十八水合硫酸铝(分析纯)以及氢氧化钠(分析纯)。

---

① 注:1 Å＝0.1 nm。

## 四、实验步骤

（1）取一定量的硅源[正硅酸乙酯（分析纯）、30%水玻璃或30%硅溶胶]、四丙基氢氧化铵（TPAOH）以及蒸馏水（$H_2O$）、$Na_2O$，室温下磁力搅拌至原料充分溶解，初始原料物质的量比 $SiO_2$：$Al_2O_3$：TPAOH：$H_2O$：$Na_2O=1$：$n$：0.1：60：$m$，其中 $n=0.2$、0.5、1.0、2.0，$m=0.1$、0.2、0.3、0.4。

（2）将一定量的氢氧化钠（NaOH）、十八水合硫酸铝[$Al_2(SO_4)_3 \cdot 18H_2O$]溶于蒸馏水中，充分溶解后逐滴加入前述溶液中形成凝胶，继续搅拌。

（3）将上述混合物转入带有聚四氟乙烯内衬的晶化釜，特定温度下晶化一定时间，晶化温度 $T=140\ ℃$、$160\ ℃$、$180\ ℃$，晶化时间 $t=12\ h$、$24\ h$、$48\ h$。

（4）取出晶化釜，冷却、开釜、离心、洗涤、干燥，将干燥物在 550 ℃ 焙烧 4 h，最终得到 ZSM-5 分子筛。

（5）采用 X 射线衍射仪测定所得样品的晶型和相对结晶度，采用 SEM 分析样品的形貌和晶粒尺寸。

## 五、数据记录及处理

将数据记录于表 5-18-1 中。

表 5-18-1　实验操作记录

| 硅源 | 投料硅铝比 | 投料碱硅比 | 晶化温度 | 晶化时间 | 相对结晶度 | 样品形貌描述 |
|---|---|---|---|---|---|---|
| | | | | | | |
| | | | | | | |
| | | | | | | |
| | | | | | | |
| | | | | | | |
| | | | | | | |
| | | | | | | |

通过对比样品和 ZSM-5 分子筛标准卡片分析所合成 ZSM-5 的纯度（ZSM-5 分子筛 XRD 参考谱图如图 5-18-2 所示），比对 XRD 标准软件库确定杂质组成。采用峰面积归一法计算 ZSM-5 分子筛的相对结晶度。

通过扫描电镜（SEM）观察所得样品的形貌和晶粒尺寸特征。

对比分析制备条件对所得 ZSM-5 分子筛物化性质的影响。

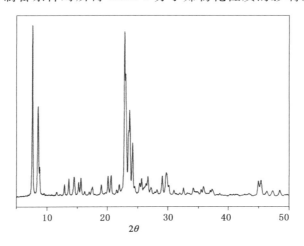

图 5-18-2　ZSM-5 分子筛 XRD 参考谱图

## 六、实验注意事项

（1）实验试剂有腐蚀性，须佩戴手套和护目镜操作，避免液体洒落。

（2）实验中晶化釜装填量为釜容积的 1/3～2/3，不能过多。

（3）水热晶化过程为高温，取放晶化釜要佩戴耐热手套，手套严禁浸水、防止烫伤。

（4）严格按照实验操作规程进行实验。

## 七、思考题

（1）目前工业上制备 ZSM-5 的方法和主要设备有哪些？

（2）工业上使用分子筛做催化剂时还需要进行哪些处理？

（3）影响 ZSM-5 分子筛反应性能的主要因素有哪些？

（4）ZSM-5 催化剂的工业应用场景有哪些？对分子筛的性质有何

要求？

（5）目前人们对分子筛晶化合成比较认可的机理是什么？

# 实验十九　电沉积法制备铜基催化剂

## 一、实验目的

（1）了解催化剂类型及其对催化反应的影响；

（2）掌握电沉积法制备铜基催化剂的基本原理和影响因素。

## 二、实验原理

国际纯粹与应用化学联合会（IUPAC）对催化剂的定义如下：催化剂是一种物质，它能够加快化学反应的速率，而不改变该反应的标准吉布斯自由能变化，此过程称为催化作用，涉及催化剂的反应称为催化反应。该定义等同于催化剂不参与整个反应的说法：它既是反应物，又是反应产物，也就是反应前后催化剂的数量和性质均不发生改变。催化剂是一种化学物质，参与反应，可以改变反应历程，但是不能改变化学平衡，只能加快或延缓达到平衡的速率，并且具有产物选择性。大多数的金属催化剂都是过渡金属，其最外层通常有 $1\sim2$ 个 s 电子，电离能小，金属呈现多价态，适合氧化-还原机理的催化反应。与贵金属相比，铜基催化剂价格低廉，对很多反应具有较高的催化活性，并且是目前报道的唯一能在常温常压下水溶液中电催化二氧化碳至高级碳氢产物的金属。氧化铜和氧化亚铜也是优异的催化剂，通过调控催化剂的形貌、颗粒大小以及晶面取向等可以改善催化活性和产物选择性。

电沉积是指金属或合金从其化合物溶液或熔融盐中电化学沉积的过程，也是金属电解冶炼、电镀以及电铸的基础。金属电沉积还原的难易程度以及沉积物的形态与沉积金属的性质有关，同时也受到电解质性质和沉积条件的影响，主要包括溶液的组成、pH 值以及温度、施加的电流密度等。电沉积技术广泛应用于多相催化反应中，具有操作简单、快速合成、适用材料广泛等优点。通过电沉积制备自支撑金属催化电极是一种非常有用的技术,与其他合成方法相比,该技术不仅可以降低成本,而且能够提高电极效率,在电催化反应体系中具有明显的优势。在电解液中引入合适的添加剂可以调控沉积金属的成长过程,从而控制制备的催化剂的结构和形貌等。此外,还可以制备多金属合金催化剂、复合型催化剂等。

电沉积制备催化剂的基底电极材料主要有片状金属材料、泡沫状金属材料和碳纸等。沉积液由以下几部分组成:主盐——含催化剂元素的盐溶液;导电盐——增加电解沉积液的离子含量,加快反应速率;缓冲剂——调节电解液的 pH 值,抑制沉积过程中溶液 pH 值的变化。电沉积法制备催化剂材料时,除了选择镀液成分和配比外,设置沉积条件也是重要的步骤。常用的沉积条件有:恒定电压或恒定电流下恒定时间沉积制样、阶梯变化电压制样等。不同的沉积条件影响沉积材料的析出顺序、不同元素的共沉积结果,也影响沉积镀层的疏松程度以及材料的形貌和结构等。

## 三、仪器与试剂

电子分析天平、移液枪、超声波清洗器、H 型反应器、铂电极夹、铂电极、磁力搅拌器、电化学工作站、碳纸、泡沫铜、五水硫酸铜、硫酸、去离子水、乙醇等。

## 四、实验步骤

1. 基底材料的预处理

(1) 将碳纸裁剪为 1.0 cm×2.0 cm,首先用乙醇和去离子水分别冲洗三次,然后在 0.5 mol/L 的硫酸溶液中超声 20 min,然后将其置于 60 ℃下恒温处理 20 min,使其具有一定的亲水性。最后,用去离子水清洗三次,吹干待用。

(2) 将泡沫铜或泡沫镍裁剪为 1.0 cm×2.0 cm,使用稀硫酸超声清洗电极材料 5 min,取出后使用去离子水多次冲洗电极材料,最后用冷风吹干后待用。

2. 沉积液的配制

使用电子天平称取一定量的五水硫酸铜,加入去离子水和浓硫酸,配制成 100 mL 的 0.1 mol/L 硫酸溶液、0.1 mol/L 硫酸铜溶液。

3. 电沉积系统组装及实验

将沉积液转移至 50 mL 沉积槽中,将预处理后的碳纸或泡沫铜用铂电极夹固定作为负极,铂片电极作为正极,连接直流稳压电源,组成双电极系统。调节电源输出电流为 20 mA,设定沉积时间为 5 min、10 min 和 20 min,获得不同沉积时间下的电极材料。沉积完成之后立刻取出,用去离子水冲洗表面残余的沉积液。

**五、数据记录及处理**

1. 实验参数记录

记录沉积电流和沉积时间以及沉积前后电极质量。

2. 催化剂的表征

使用 X-射线衍射对催化剂的物相进行表征分析;使用扫描电子显微镜对催化剂的形貌进行分析。

**六、思考题**

(1) 影响电沉积的因素有哪些?

(2) 电沉积法制备金属催化剂不可避免金属的氧化,如何减少氧化发生?

# 实验二十　均相沉淀法制备铜基加氢催化剂

**一、实验目的**

(1) 了解共沉淀制备催化剂的反应特点和影响沉淀速率的主要因素;

(2) 掌握沉淀法制备铜基催化剂的实验技术和影响其结构的主要原因;

(3) 认识铜基催化剂在工业催化中的重要意义。

**二、实验原理**

沉淀法是依据沉淀反应,在搅拌状态下采用顺加、逆加或者并流的方法进行加料,将催化剂各组分的盐溶液充分混合,然后在沉淀剂的作用下进行沉淀,后经老化、洗涤、过滤、干燥、焙烧、成型和还原等工序最终得到催化剂。选择沉淀剂时主要考虑以下因素:形成沉淀物溶解度要小;沉淀剂本身易溶且溶解度大,增加阴离子浓度使金属离子完全沉淀下来;尽可能避免不溶性杂质(离子),减小产品后处理困难,保证产品质量。

不同的沉淀剂对于催化剂前驱体的形成过程有不同的影响,从而影响催化剂性能。其主要类型包括碱类:$NaOH$、$KOH$、$NH_4OH$;碳酸盐类:$(NH_4)_2CO_3$、$Na_2CO_3$;有机酸类:醋酸,草酸。共沉淀法可以制得纳米级、均一的催化剂,各组分间具有较强的相互作用,因此有利于实现工业化应用。在制备过程中催化剂形成还受到 pH 值、沉淀速率、老化时间和温度等影响,因此在制备过程中要严格控制 pH 值、温度、时间等因素。

本实验采用尿素均相沉淀法制备 $Cu/ZnO/Al_2O_3$ 催化剂,由于尿素在一定温度下水解过程缓慢,便于控制沉淀的产生速率,沉淀剂水解过程中不存在浓度梯度变化,可以使活性组分分散得更加均匀,且在工艺生产中不会向环境产生废水,具有很好的环境效益。

## 三、仪器与试剂

电子分析天平、集热式磁力搅拌器、鼓风干燥箱、马弗炉、循环水式真空泵、1 000 mL 烧杯、三水合硝酸铜(分析纯)、六水合硝酸锌(分析纯)、九水合硝酸铝(分析纯)、尿素(分析纯)、去离子水。

## 四、实验步骤

采用尿素水解法制备 $Cu/ZnO/Al_2O_3$ 物质的量比为 $1:1:0.1$ 的 $Cu/ZnO/Al_2O_3$ 加氢催化剂,制备流程图见图 5-20-1,具体步骤如下所示:

(1) 在 1 000 mL 烧杯内依次加入尿素 28.8 g、三水合硝酸铜 11.6 g、六水合硝酸锌 14.3 g、九水合硝酸铝 1.8 g 以及 600 mL 去离子水。

(2) 使集热式磁力搅拌器以 300 r/min 的速率进行搅拌,并逐步升温至 90~100 ℃,并保持 6 h,使其充分反应。

(3) 将得到的沉淀采用去离子水进行充分抽滤洗涤,直至 pH＝7,之后将其放入鼓风干燥箱内 120 ℃干燥 8 h。

（4）将干燥完全的催化剂研磨成粉末，铺平至坩埚内，放入马弗炉中在350 ℃下焙烧 4 h。

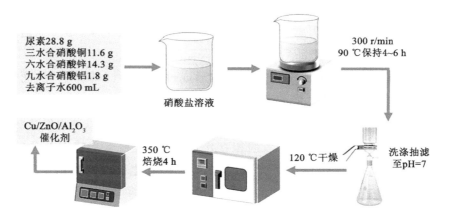

图 5-20-1　Cu/Zn/Al 催化剂制备流程

## 五、数据记录

将数据记录于表 5-20-1 中。

表 5-20-1　药品称量记录

| 尿素/g | 硝酸铜/g | 硝酸锌/g | 硝酸铝/g | 去离子水/mL |
| --- | --- | --- | --- | --- |
|  |  |  |  |  |
| 反应时间记录 | | | | |
| 搅拌时间/h | 干燥时间/h | | 焙烧时间/h | |
|  |  | |  | |

## 六、实验注意事项

（1）注意试剂加入顺序，依次加入，不可混乱，且药品称量要准确。

（2）搅拌时间要充分，使催化剂各组分的盐溶液充分混合，并在沉淀剂的作用下沉淀完全。

（3）搅拌温度较高,应采用油浴加热,搅拌时要防止液体喷溅导致烫伤。

（4）抽滤时要将水分抽干,干燥时间和干燥程度要足够,制得的催化剂要放进烘箱里完全烘干。

（5）将催化剂放置或取出烘箱时要戴好手套,防止高温烫伤。

### 七、思考题

（1）除了均相沉淀法还有哪些催化剂的制备方法? 相较于这些方法,均相沉淀法的优势在哪里?

（2）在沉淀法制备催化剂中,应如何正确选择原料及沉淀剂?

（3）在采用均相沉淀法制备催化剂的过程中,加料顺序不同会产生哪些影响?

（4）在催化剂制备过程中,焙烧的目的是什么?

# 实验二十一 二维材料石墨烯的制备与表征

## 一、实验目的

（1）了解二维材料的特征;

（2）掌握制备石墨烯的基本原理和方法。

## 二、实验原理

石墨烯,作为一种二维材料,自 2004 年被发现以来,因其独特的结构和优异的性能引起众多学者的广泛研究。用扫描电子显微镜（SEM）可以获得石墨烯的形貌,从图 5-21-1 中可以看出,石墨烯具有一定的层状结构。石墨烯这种独特的结构使其具有优异的机械强度、弹性、高导热和导电性能,在光电器件、传感器、储能器件等方面显示出了巨大应用潜能。

氧化还原法制备石墨烯是先用无机强质子酸处理原料天然石墨,将强酸小分子插入石墨层间,再用强氧化剂将天然石墨进行氧化,然后加水分解后得到氧化石墨,接着用超声对氧化石墨水溶液进行剥离,得到单层的氧化

（a）　　　　　　　　　　　　　　　　（b）

图 5-21-1　石墨烯的扫描电子显微镜图

石墨烯，最后通过使用碘、对苯二酚、硼氢化钠、肼、水合肼、二甲肼等还原剂的还原作用可以得到石墨烯。

在制备氧化石墨烯的过程中，石墨片层上存在着大量的含氧官能团和缺陷，导电能力下降，因此要通过还原作用除去这些含氧官能团，恢复导电能力。水合肼是一种极强的还原性，可用来还原氧化石墨烯溶液，由于还原后的石墨烯疏水性增强，会产生团聚，因此还需要加入氨水改变 pH 值，控制片层间的静电斥力，制备出在水相条件下稳定的石墨烯分散液。

### 三、仪器与试剂

分析天平，水浴锅、烘箱、超声反应器、离心机、扫描电子显微镜、天然鳞片石墨（300 目）、硝酸钠、浓硫酸、盐酸、高锰酸钾、双氧水（体积分数为 30%）、氨水，水合肼（质量分数为 35%）、去离子水。

### 四、实验步骤

1. 氧化石墨的制备

将 1 g 天然石墨、1 g $NaNO_3$ 和 48 mL 浓 $H_2SO_4$ 混合物在冰浴条件下充分搅拌 30 min。再将 6 g $KMnO_4$ 边搅拌边缓慢加入，再移出冰浴，在 35 ℃下水浴搅拌 2 h。在冰水浴中缓慢加入 40 mL 去离子水稀释混合液，在 90 ℃水浴中搅拌 20 min。移出水浴，加入 100 mL 去离子水和 5 mL 质量分数为 30% 的 $H_2O_2$，此时可以看到在冒出大量气泡的同时溶液颜色由黑色变为亮黄色。先用稀盐酸（4%）清洗，再用水洗直至 pH 至中性为止，抽滤至干,最后放入 60 ℃恒温真空干燥箱中干燥 72 h,即得到氧化石墨,研磨待用。

2. 石墨烯的制备

称取 100 mg 氧化石墨,配制成质量分数为 0.05% 的水分散溶液,超声 30 min。将 50 mL 氧化石墨水分散液、50 mL 去离子水、50 μL 水合肼溶液 (35%)和 350 μL 浓氨水在烧杯中混合均匀,剧烈搅拌几分钟,放置在水浴锅中 95 ℃下反应 1 h,溶液由淡黄色变成黑色。离心清洗,干燥,得到石墨烯产品。

3. 石墨烯的形貌表征

为了获取石墨烯的整体形貌及表面微观信息,实验采用场发射扫描电子显微镜进行观察。制样方法:取 1 mg 石墨烯样品分散于乙醇溶液,超声波清洗机处理 5 min,然后将悬浮液滴在盖玻片上,粘在铜载台的双面胶上,表面经喷白金处理后观察。

**五、数据记录及处理**

计算石墨烯的产率。观察 SEM 中石墨烯粉末的形貌,识别层状结构和尺寸大小。

**六、思考题**

(1) 制备石墨烯的方法还有哪些?

(2) 影响石墨烯尺寸大小的因素有哪些?

# 实验二十二　二氧化钛光催化降解苯酚

**一、实验目的**

(1) 掌握纳米二氧化钛降解苯酚的方法和原理;

(2) 掌握标准曲线的绘制方法。

## 二、实验原理

苯酚作为一种有机化合物,是具有特殊气味的无色针状晶体,有毒,具有腐蚀性,人体接触后会使局部蛋白质变性,特别是由于苯酚较好的溶解性,会对水环境造成不可逆的破坏,因此,对于苯酚绿色降解的研究刻不容缓。对于含苯酚废水的处理方法大致有芬顿试剂氧化法、电化学氧化法、活性炭吸附法等,但是这些方法因使用成本高,使用条件苛刻,故难以大范围使用。

光催化是一种绿色高效的有机物降解方法,它可以在室温条件下,利用不同波长的光对有机污染物进行降解处理。同时,纳米 $TiO_2$ 因其化学稳定性高、氧化能力强、成本低以及易获得等优点,是一种常见光催化剂。$TiO_2$ 光催化反应机理如图 5-22-1 所示,在光照下,当光子的能量大于半导体禁带宽度,其价带上的电子($e^-$)就会被激发到导带上,同时在价带上产生空穴($h^+$)。光生 $e^-$ 会与表面吸附的 $O_2$ 分子反应生成超氧自由基($\cdot O_2^-$),光生 $h^+$ 则会使表面的 $H_2O$ 分子或 $OH^-$ 转化成羟基自由基($\cdot OH$),具有强氧化能力的 $\cdot OH$、$\cdot O_2^-$ 等活性物质会将吸附在 $TiO_2$ 表面的有机物完全转化为 $CO_2$ 和 $H_2O$,这样便完成了对有机物苯酚的光催化降解。

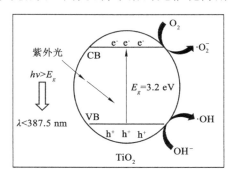

图 5-22-1　二氧化钛光催化反应机理图

## 三、仪器与试剂

光催化反应装置、紫外-可见分光光度计、电子天平、磁力搅拌器、注射器、过滤器($0.22~\mu m$)、$TiO_2$ 光催化剂、苯酚、蒸馏水、1 L 标准容量瓶、常见玻璃仪器。

## 四、实验步骤

1. 苯酚标准溶液曲线的绘制

苯酚标准溶液的配制:准确称量 1.0 g 苯酚样品,将其溶于一定量的去离子水中,然后转移至 1 L 标准容量瓶中进行定容,然后将标定好的溶液放置一天一夜。

用移液枪分别取一定量的母液配制成浓度为 10 mg/L、20 mg/L、30 mg/L、40 mg/L、50 mg/L、60 mg/L 标准苯酚溶液。分别取各浓度的标准苯酚溶液 3 mL,置于紫外-可见分光光度计中,在 270 nm 的波长下检测各标准溶液的吸光度 $A$。以苯酚浓度 $C$ 为横坐标,吸光度 $A$ 为纵坐标,作苯酚标准溶液曲线图。用软件作出浓度 $C$ 对吸光度 $A$ 的线性拟合图,得到拟合方程为 $A = xC + y$。因此,在一定的浓度范围(0~60 mg/L)中,都可以根据吸光度通过此方程求出苯酚的浓度。

2. $TiO_2$ 催化剂降解苯酚性能测试

称量一定的 $TiO_2$ 光催化剂,放至 100 mL 的光催化反应装置中,向其中加入一定量的苯酚溶液,保证样品的质量浓度为 0~60 mg/L。然后在无光的条件下进行搅拌,暗吸附反应 1.5 h,使其达到吸附-脱附平衡。暗吸附结束后,依次用注射器取样 3~3.5 mL 并标号。

打开光源通冷却水,使反应体系温度保持在室温,磁力搅拌反应 6 h。每隔 1 h 用注射器取样 3~3.5 mL,取出的样品经过 0.22 $\mu$m 过滤器过滤,所得溶液采用分光光度计测量其吸光度 $A$,检测波长为 270 nm。再利用苯酚溶液的标准曲线线性方程求得各个时间点的苯酚溶液浓度。

## 五、数据记录及处理

苯酚在一定时间内的降解率可通过以下公式计算:
$$D = (C_t - C_0)/C_0 \times 100\%$$
式中　　$D$——苯酚在一定时间的降解率,%;

$\qquad C_0$——光照前苯酚的初始浓度,mg/L;

$\qquad C_t$——光照一段时间后的苯酚浓度,mg/L。

将数据记录于表 5-22-1 中。

表 5-22-1　实验操作记录表

| 时间/min | 吸光度 | 苯酚质量浓度 | 降解率 | 备注 |
| --- | --- | --- | --- | --- |
| | | | | |
| | | | | |
| | | | | |

## 六、思考题

（1）影响光催化降解苯酚的因素有哪些？

（2）简述影响 $TiO_2$ 光催化剂活性的因素有哪些。

# 实验二十三　二氧化钛光催化降解甲醛

## 一、实验目的

（1）掌握光催化降解水体甲醛的方法和原理；

（2）熟悉标准溶液的配制与标定；

（3）了解标定甲醛浓度的原理。

## 二、实验原理

甲醛又称蚁醛，是最简单的并且具有高度反应活性的羰基类化合物，广泛应用于化工、纺织、农业、医药等多个领域。环境中的甲醛主要来自工业生产、汽车尾气排放、生物燃料的燃烧等过程。长期暴露于甲醛氛围会对人体健康造成损害，引发呼吸系统疾病、记忆受损和癌症等。含甲醛的废水排入水体后，能降低水中的溶解氧，影响水的自净力。因此，对废水中甲醛污染物降解的研究具有重要的环保意义。

当光催化剂 $TiO_2$ 照射光后形成光生电子（$e^-$）和空穴（$h^+$），$e^-$ 和 $h^+$ 会迁移到 $TiO_2$ 表面，与表面吸附的 $OH^-$、$H_2O$ 和 $O_2$ 等物质发生反应，从而产生高反应活性的自由基和反应中间体,如·OH、$HO_2^-$、电子、空穴和 $H_2O_2$ 等,均具有很强的氧化或还原能力,能将许多物质降解得十分彻底,光催化技术能完全将甲醛转化为 $CO_2$ 和 $H_2O$。同时,光催化法具有设备简单、运行条件温和、无二次污染等特点,因此采用光催化降解甲醛对于节省能源、环境保护都具有重大的意义。

因为甲醛为无色液体,因此本实验采用乙酰丙酮分光光度比色法测定甲醛含量,在过量氨存在下,甲醛与乙酰丙酮在适宜温度下迅速生成黄色化合物(吸收峰值在 410 nm),反应式如图 5-23-1 所示,其颜色深度与含量成正比,可以于 410 nm 波长处进行分光光度测定。

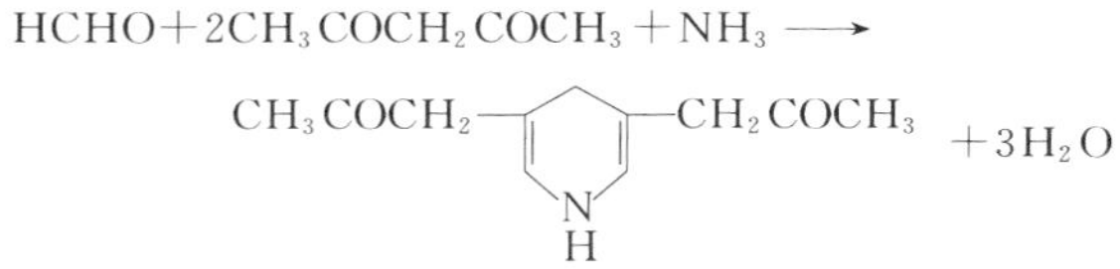

$$HCHO+2CH_3COCH_2COCH_3+NH_3 \longrightarrow$$

$$CH_3COCH_2 \overbrace{\phantom{xxxx}}^{} CH_2COCH_3 \ +3H_2O$$

图 5-23-1　甲醛与乙酰丙酮的反应方程式

## 三、仪器与试剂

光催化反应装置、氙灯光源、紫外-可见分光光度计、电子天平、水浴锅、磁力搅拌器、离心机、$TiO_2$ 光催化剂、甲醛溶液、乙酰丙酮、乙酸铵、冰乙酸、蒸馏水。

## 四、实验步骤

1. 乙酰丙酮溶液的配制

将 25 g 乙酸铵、3 mL 冰乙酸及 0.25 mL 乙酰丙酮溶于 50 mL 蒸馏水中。摇匀使其充分溶解后,于避光条件下保存 12 h 后取用。

2. 光催化降解甲醛

取 5 mL 甲醛溶液溶于 100 mL 蒸馏水中,称取 0.4 g $TiO_2$ 光催化剂、量取 50 mL 甲醛水溶液放入光催化反应装置中,打开光源通冷却水,使反应体系温度保持在室温,磁力搅拌反应 2 h。

3. 甲醛含量的分析

对于甲醛溶液采用乙酰丙酮分光光度法测定,反应完成后将反应液离心分离,分别取上层清液 10 mL 和反应前甲醛溶液 10 mL 于 25 mL 定量瓶中,然后再分别加入 1 mL 配制好的乙酰丙酮溶液,并用蒸馏水稀释到刻度线,摇匀,于 60 ℃ 水浴锅中显色 15 min 后取出冷却,用分光光度计测定其吸光度。

### 五、数据记录及处理

甲醛降解率($D$,％)的计算:

$$D = \frac{\text{ABS}_0 - \text{ABS}_t}{\text{ABS}_0} \times 100\%$$

式中　　$\text{ABS}_0$——反应前甲醛溶液的吸光度值;
　　　　$\text{ABS}_t$——反应后甲醛溶液的吸光度值。

### 六、思考题

(1) 影响光催化降解甲醛的因素有哪些?
(2) 简述标定甲醛浓度的原理。

# 实验二十四　甲醇制汽油试验研究

### 一、实验目的

(1) 了解甲醇制汽油的反应特点和影响因素,以及固定床反应器的特点;
(2) 掌握甲醇制汽油反应的主要影响因素和实验技术;
(3) 认识分子筛催化剂在化学工业中的重要作用。

### 二、实验原理

甲醇制汽油(MTG)是煤制汽油的后半段核心技术,气相的甲醇在催化剂表面经过脱水反应得到低碳烯烃($C_2 \sim C_5$),在催化剂的酸性位处,经过烷基化、环化、异构化等反应进一步生成含有分子量较大的烯烃、芳烃、环烷烃等成分的汽油。ZSM-5 沸石分子筛是 MTG 工艺常用的工业催化剂,因为 ZSM-5 分子筛具有合适尺寸的孔道结构,且孔道的表面含有酸性中心,所以为甲醇的 MTG 反应提供了丰富的催化活性中心(图 5-24-1)。ZSM-5 上不同强度的酸性中心促进的反应不同,所以 MTG 技术的产物分布主要取决于催化剂表面的酸性位分布,故可通过调节 ZSM-5 的组成或结构调整其酸性中心的分布,进而提高液态烃的选择性和汽油的产率。

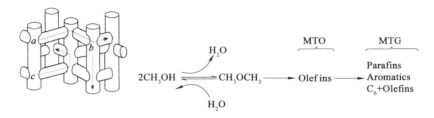

图 5-24-1　ZSM-5 分子筛晶型结构与甲醇制汽油示意图

　　本实验装置模拟工业生产中的固定床反应单元装置,采用甲醇气化和载气携带进料形式,使甲醇在成型 ZSM-5 分子筛催化剂上进行反应,然后将反应产物引入在线色谱仪进行分析。通过实验操作,了解工业以甲醇为原料生产汽油的工艺流程和固定床反应器的特点。

　　实验装置流程见图 5-24-2,反应器为不锈钢材质,内置反应管内径为 8 mm,催化剂放置在反应管中部,恒温段长度为 100 mm。反应器内的温度测定与控制由智能温度控制器进行控制,反应预热装量与产物保温管线外壁缠有电热带以给原料和反应产物供热,反应温度由热电偶 K 测量。

　　氮气与由甲醇进料泵泵入的甲醇混合后,经过预热器加热到 110 ℃充分气化,然后自上而下进入反应器,甲醇经过分子筛催化剂床层发生反应。反应后的产物经过冷却分离后,分别收集气相、液相组分进行分析。此实验中,反应产物分流后一路经在线保温带全程保温后进入气相色谱仪进行分析,另一路经过冷凝和分离器后排空处理。

　　甲醇制汽油反应性能受催化剂、反应温度、空速等多种因素控制。本试验需考察 ZSM-5 分子筛催化剂特性(硅铝比、晶粒尺寸、孔结构等)、反应温度(350~500 ℃)、反应空速(0.5~10 $h^{-1}$)等因素对甲醇制汽油反应转化率、产物选择性、催化剂失活等性能的影响。

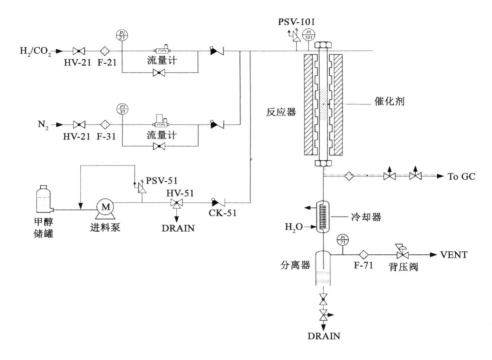

图 5-24-2　实验装置流程示意图

## 三、仪器与试剂

固定床反应单元装置、电子天平、压片机、研钵、不同目数不锈钢过滤筛1 套、ZSM-5 分子筛、甲醇(分析纯),氮气(99％)。

## 四、实验步骤

(1) 将 ZSM-5 分子筛催化剂粉末在压片机上进行压片处理(在 20 MPa下停留 0.5 min 即可),然后取下硬片破碎过筛,得到 40～60 目催化剂颗粒。称取 0.20 g 催化剂,与 0.8 g 相同目数的石英砂混合均匀后备用。

(2) 拆卸固定床反应器上的反应管,注意拆卸顺序为先下后上。

(3) 在反应管中间部位塞进适量石英棉,然后将成型过筛的分子筛催化剂混合物倒入其中,轻敲反应管,使催化剂均匀密实。

(4) 将反应管安装到反应器中,操作过程动作要轻,避免催化剂床层较

— 100 —

大变动,自上而下紧固螺栓。

（5）装置仪表通电。将实验装置与外接电源接通。仪表面板上的 POWER 开关为仪表通电开关,调节 POWER 开关给装置仪表通电。

（6）检查各阀门是否关闭,然后打开氮气瓶阀门,打开气体旁路,依次打开 HV-21 球阀,待系统稳定后,关闭气体旁路,检验反应系统的气密性。气密性良好时,缓慢旋动背压阀,保持系统微正压。

（7）设定仪表面板加热参数和气体流量参数。按强电通电开关 ON 给装置上电,此时系统可进行恒温槽、反应炉加热等操作。

（8）设定进料泵参数,开启进料泵,待系统稳定;开启色谱装置,待色谱系统稳定。

（9）系统稳定后,切换 HV-51 阀门开始进料,进行反应。

（10）反应 15 min 后,色谱仪在线采样进行分析,每隔 30 min 采样一次。

（11）反应完成后切换 HV-51,关闭甲醇进料泵;按仪表面板上的强电断电开关 OFF 给装置强电断电,此时系统的恒温槽、反应炉加热装置将不可操作。

（12）待系统温度下降到 50 ℃ 以下,按 POWER 开关关闭装置仪表电源,关闭氮气瓶阀门,待系统压力归零后,依次关闭气路各阀门。

（13）装置断电,收拾实验现场即可完成实验。

注:以上步骤是在正常操作条件下的操作步骤,如有在实验过程中实验条件作出调整的,可根据现场实际情况稍作调整。

## 五、数据记录

将实验数据记录于表 5-24-1 和表 5-24-2 中。

表 5-24-1　实验数据

实验日期:＿＿＿＿＿＿　　气温:＿＿＿℃

| 甲醇进料设定 /(mL/min) | 甲醇进料标定值 /(g/h) | 载气流速 /(mL/min) | 催化剂装填量 /g | 预热温度 /℃ | 产物伴热温度 /℃ |
|---|---|---|---|---|---|
| | | | | | |
| | | | | | |

表 5-24-2　实验操作记录

| 反应温度/℃ | 反应时间/min | 甲醇转化率/% | C₅₊产物选择性/% | 备注 |
|---|---|---|---|---|
|  |  |  |  |  |
|  |  |  |  |  |
|  |  |  |  |  |
|  |  |  |  |  |
|  |  |  |  |  |
|  |  |  |  |  |
|  |  |  |  |  |

## 六、数据处理

通过文献对比分析气相色谱图中的峰位,确定汽油中的各项组成。采用面积归一法计算产物中各组分含量,各组分的响应因子由实验教师在色谱中标定设定,记录产物中各组分的含量,并据此计算甲醇转化率和各组分的选择性,计算汽油($C_{5+}$组分)收率。

作图,以图的形式表示不同催化剂性质、固定床温度、反应空速等条件下甲醇转化率以及甲烷、低碳烯烃、低碳饱和烃、汽油组分的选择性变化情况。

## 七、实验注意事项

(1) 实验中载气量不宜太大,避免床层压降过大。

(2) 反应中应控制使反应压力不高于 0.1 MPa,避免带压操作。

(3) 反应炉为高温模块,不要触碰,防止烫伤;预热器、伴热带为电加热,不要用湿手触碰,防止触电。

(4) 严格按照实验操作规程进行实验。

## 八、思考题

(1) 目前工业上制备甲醇的方法有哪些? 为什么要将甲醇制备成汽油?

(2) 影响甲醇制汽油反应性能的主要因素有哪些?

（3）甲醇制汽油常用的催化剂有哪些？

（4）目前人们对甲醇制汽油比较认可的机理是什么？

（5）甲醇制备的汽油与传统石油炼制得到的汽油有什么区别？

（6）试验汽油产物用的色谱分析原理是什么？

（7）通过实验，你认为实验中有哪些地方可以进一步改进？

（8）为什么催化剂装填前要进行成型筛分？如何确定其粒度范围？

# 第六章　仪器分析实验

## 实验二十五　电化学测量实验

### 一、实验目的

（1）了解电化学测量的基本操作，熟悉常用的电化学测试方法；

（2）掌握电化学工作站的基本操作流程，明确电化学测试方法的应用方向；

（3）掌握循环伏安法、线性扫描伏安法以及交流阻抗的测试原理，能够根据测量结果计算相应的电化学热力学和动力学参数。

### 二、实验原理

1. 循环伏安法

循环伏安法是一种电化学测试方法，用于研究电极表面在恒定电位下的电化学反应过程。通过循环扫描电压，可以获得电流随电压变化的曲线，即循环伏安曲线。通过分析曲线上的还原波和氧化波来评估电极的性能。循环伏安法的基本原理是以等腰三角形的脉冲电压加在工作电极上，得到的电流电压曲线包括两个分支，前半部分电位向阴极方向扫描，使活性物质在电极上还原得到电子，产生还原波形，后半部分电位向阳极方向扫描时，电极上还原产物又失去电子发生氧化，产生氧化波形。通过一次三角波扫描，即完成一个还原和氧化过程的循环，因此称为循环伏安法。通过这种方式，可以评估电极的反应速率、反应可逆性等性能指标。

2. 线性扫描伏安法

线性扫描伏安法与循环伏安法类似，即当电极上施加电压时，会发生氧化还原反应，进而产生电流响应。与循环伏安法不同的是，线性扫描伏安法的电压是线性变化的，电流也会随电压线性变化。通过测量和分析电流和电压的响应，可以获得物质的电化学性质和结构等信息。在较低的扫描速率下，这种方法可以提供较为准确的结果。

3. 交流阻抗

电化学交流阻抗谱的测量原理是通过对电化学系统施加一个频率不同的小振幅的交流电势波，然后测量交流电势与电流信号的比值随正弦波频率 $\omega$ 的变化，或者是阻抗的相位角 $\Phi$ 随 $\omega$ 的变化。具体来说，当在电化学系统上施加一个正弦波电信号作为扰动信号时，系统会产生一个与扰动信号相同频率的响应信号。通过测量不同频率下的响应信号与扰动信号之间的比值，可以得到不同频率下阻抗的模值与相位角。然后，根据阻抗的模值和相位角，可以进一步得到实部和虚部。通过对这些数据进行分析，可以了解电化学系统的动力学、双电层和扩散等过程，以及电极材料、固体电解质、导电高分子的性质以及腐蚀防护等机理。

## 三、仪器与试剂

仪器：电化学工作站、电子天平、Pt 片电极（工作电极和对电极）2 片、饱和甘汞电极（SCE，参比电极）1 支。图 6-25-1 为使用电化学工作站测量三电极的实验装置示意图。

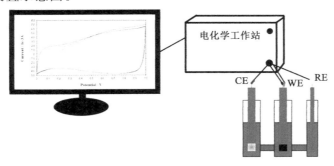

图 6-25-1　电化学工作站测量三电极的实验装置示意图

试剂：无水乙醇（分析纯）、纯 $K_3Fe(CN)_6$（分析纯）、$KNO_3$（分析纯）、$HNO_3$（分析纯）、去离子水。

## 四、实验步骤

1. 配制电解液

本实验选择 $K_3Fe(CN)_6$ 和 $KNO_3$ 的混合溶液作为电解液，配制三份不同浓度的电解液各 100 mL，其中 $KNO_3$ 浓度均为 0.5 mol/L，$K_3Fe(CN)_6$ 浓度分别为 0、5 mmol/L、10 mmol/L。

2. Pt 片电极表面清洗

将电极在 1：1 的 $HNO_3$ 溶液中超声浸泡 2～3 min，取出后用去离子水多次冲洗。使用 1 500 目的砂纸打磨电极的表面 1～2 min，然后使用 2 500 目砂纸继续打磨 1～2 min，直至电极表面形成光洁的镜面，用去离子水冲洗干净。

3. 电化学工作站测试前准备

（1）打开电化学工作站

打开电化学工作站的电源开关，指示灯亮。将电化学工作站预热 5 min 左右。

（2）打开电化学工作站操作软件

点击软件的快捷方式，进入软件系统。关闭"实验选择窗口"，进入操作系统。

4. 电解池的准备

（1）电极放置

在电解池中倒入 50 mL 电解液，分别以 Pt 片作为工作电极和对电极，以饱和甘汞电极作为参比电极，按图 6-25-2 所示将电极放置好。

图 6-25-2　三电极体系电解池

（2）电极线连接

电化学工作站的前置面板有 5 个电极插头，即 5 个测量线缆输入端口，如图 6-25-3 所示。每个端口对应一个电极夹线：

绿色电极线（绿色护套夹）接工作电极 WE。

图 6-25-3 电化学工作站前置面板

黄色电极线(黄色护套夹)接敏感电极 SE。

蓝色电极线(蓝色护套夹)接参比电极 RE。

红色电极线(红色护套夹)接辅助电极 CE。

黑色电极线(黑色护套夹)接地电极 G。

将黄色电极线与绿色电极线短接(避免导线压降引起的电位测量和控制误差),连接到工作电极上;将蓝色电极线接到参比电极上;将红色电极线接到辅助电极上。具体如图 6-25-4 所示。

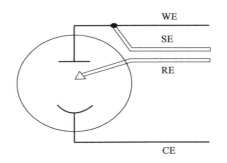

图 6-25-4 三电极体系电极夹线连接方式

5. 电化学测量

(1) 循环伏安扫描

① 在电化学工作站操作软件上点击"测量"→"新实验",选择循环伏安法。设置实验参数:High E 选择 0.5 V,Low E 选择 -0.1 V,扫描速度为 0.01 V/s,Sweep Segments 选择 4,选择合适的灵敏度,点击"开始",进行实

验。实验结束后(见图 6-25-5),界面自动跳转到分析界面(注:所有的数据分析都必须跳转到分析界面上才能进行,如果中途手动停止实验,想要分析数据也得手动跳转到分析界面才能对数据进行分析)。

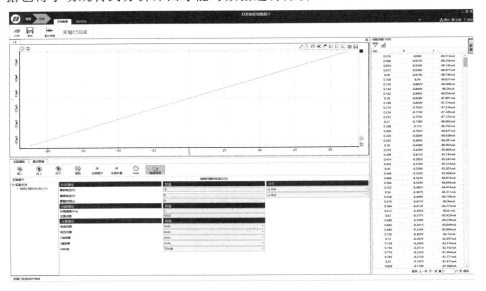

图 6-25-5　电化学工作站测量完成界面

② 数据导出:点击"导出"→"导出类型选择"→"数据",选择实验所需要的数据,保存类型可以选择 txt 和 excel 格式,之后确定保存数据。

③ 使用 10 mmol/L $K_3Fe(CN)_6$ 和 0.5 mol/L $KNO_3$ 混合溶液作为电解液,组建好三电极系统,采用上述步骤中同样的方法,分别以 5 mV/s、20 mV/s、40 mV/s、80 mV/s 的扫描速度进行循环伏安实验,保存并分析数据。

(2) 线性伏安扫描

点击"新实验",选择线性扫描伏安法(LSV),设置实验参数:High E 选择 0.5 V,Low E 选择−0.1 V,扫描速度为 0.01 V/s,选择合适的灵敏度,点击"开始",进行实验并保存数据。

(3) 交流阻抗测量

点击"新实验",选择开路电位测试并记下对应开路电位。设置新实验,选择控制电位 EIS,设置实验参数:起始 E 设置为测量的开路电位,高频设

置为 $10^5$ Hz,低频设置为 0.01 Hz,进行实验并保存数据。

6. 更换电解液浓度

重复上述步骤 4 和 5,分别测试三种不同浓度电解液中的循环伏安曲线、线性扫描伏安曲线和交流阻抗图谱。

7. 实验结束

导出测量的电化学数据后,关闭设备及电脑;清洗电极和所使用过的玻璃仪器。

## 五、数据记录及处理

将实验数据记录于表 6-25-1 和表 6-25-2 中。

表 6-25-1　不同浓度下循环伏安实验数据

实验日期:＿＿＿＿＿＿　　气温:＿＿＿＿＿℃

| 电解液浓度 /(mmol/L) | 阳极峰值电流 ($I_{pa}$) | 阴极峰值电流 ($I_{pc}$) | 阳极峰值电位 ($E_{pa}$) | 阴极峰值电位 ($E_{pc}$) | $\Delta E$ |
| --- | --- | --- | --- | --- | --- |
| 0 | | | | | |
| 5 | | | | | |
| 10 | | | | | |

表 6-25-2　不同扫描速度下循环伏安实验数据

实验日期:＿＿＿＿＿＿　　气温:＿＿＿＿＿℃

| 扫描速度 /(mV/s) | 阳极峰值电流 ($I_{pa}$) | 阴极峰值电流 ($I_{pc}$) | 阳极峰值电位 ($E_{pa}$) | 阴极峰值电位 ($E_{pc}$) | $\Delta E$ |
| --- | --- | --- | --- | --- | --- |
| 5 | | | | | |
| 20 | | | | | |
| 45 | | | | | |
| 80 | | | | | |

(1) 计算循环伏安曲线中 $I_{pc}/I_{pa}$ 与电势扫描速度之间的关系。

(2) 根据公式 $I_{pc} = 2.69 \times 10^5 n^{3/2} D_0^{1/2} \nu^{1/2} C_0 A$,其中 $I_{pc}$ 为峰电流密度(A);$n$ 为电子转移数,$\nu$ 为扫描速度(V/s),$C_0$ 为反应物 O 的初始浓度(mol/cm³),$A$ 为电极面积(cm²),将测量所得参数代入,计算扩散系数 $D_0$。

（3）根据线性扫描伏安曲线测量结果，分析该反应的起始电位、半波电位及极限电流密度。

（4）交流阻抗数据处理：使用 Zview 或 ZsimDemo 等专业分析软件对测得的数据进行处理，并分析对应的 $R_c$ 和 $R_p$。

## 六、实验注意事项

（1）实验需全程穿实验服、佩戴手套和口罩，避免电解液溅到皮肤。

（2）务必仔细检查电极线的连接方式，避免短路。

（3）切记实验结束后要保存数据。

## 七、思考题

（1）为什么要选择三电极体系进行电化学测量？

（2）循环伏安法和线性扫描伏安法有什么联系和区别？

（3）循环伏安曲线、线性扫描伏安曲线和交流阻抗图谱分别可以提供哪些电化学反应的信息？

# 实验二十六　5-羟甲基糠醛的红外吸收光谱测定

## 一、实验目的

（1）学习用红外吸收光谱进行化合物的定性分析；

（2）掌握用压片法制作固体试样晶片；

（3）熟悉红外光谱仪的工作原理及使用方法。

## 二、实验原理

红外吸收光谱（infrared absorption spectrometry，简称 IR）又称为分子振动转动光谱，是有机物结构分析的重要工具之一。当一定频率的红外光照射分子时，若分子中某个基团的振动频率和红外辐射的频率一致，此时光的能量可通过分子偶极矩的变化传递给分子，这个基团就吸收了该频率的红外光产生振动能级跃迁。如果用连续改变频率的红外光照射某试样,由于试样对不同频率红外光吸收情况的差异,通过试样后的红外光在一些波长范围内会变弱(被吸收),而在另外一些波长范围内仍较强(不吸收)。用仪器记录分子吸收红外光的情况,就得到该试样的红外吸收光谱。

不同化合物由不同的基团组成,因此有不同的振动方式和频率,得到的红外吸收光谱也不同,可以通过红外吸收光谱进行化合物定性鉴定和结构分析。绝大多数有机化合物的基团振动频率分布在中红外区(波数 $400\sim4\,000$ cm$^{-1}$,即波长 $2.5\sim25\,\mu m$),研究和应用最多的也是中红外区的红外吸收光谱法。该法具有灵敏度高,分析速度快,试样用量少,而且分析不受试样物态限制。

红外光谱中 $1\,350\sim4\,000$ cm$^{-1}$ 区域称为基团特征频率区。因为在化合物分子中,同一类型的原子基团振动频率非常相近,总是出现在某一特定范围内。例如正庚烷 $CH_3(CH_2)_5CH_3$,正己腈 $CH_3(CH_2)_4C\equiv N$ 和正辛烯 $CH_3(CH_2)_5CH\!=\!CH_2$ 等分子中都有 $CH_3$—$CH_2$ 基团,它们的伸缩振动频率与正癸烷分子的红外吸收光谱中 $CH_3$、$CH_2$ 基团的伸缩振动频率一样,都出现在 $2\,800\sim3\,000$ cm$^{-1}$ 范围内,因此认为这一区域是 C—H 伸缩振动的特征频率。与一定结构单元相联系的振动频率称为基团频率。但是当同一类型的基团处于不同物质中时,它们的振动频率又有差别,这是因为同种基团在不同化合物分子中所处的化学环境有所不同,使振动频率发生一定移动,这种差别常常反映出分子结构的特点。例如,羰基(C=O)的伸缩振动频率在 $1\,600\sim1\,860$ cm$^{-1}$ 范围内,当它处于酸酐中时,$\sigma(C=O)$ 为 $1\,750\sim1\,820$ cm$^{-1}$;在酯类化合物中,$\sigma(C=O)$ 为 $1\,725\sim1\,750$ cm$^{-1}$;在醛类化合物中,$\sigma(C=O)$ 为 $1\,720\sim1\,740$ cm$^{-1}$;在酮类化合物中,$\sigma(C=O)$ 为 $1\,710\sim1\,725$ cm$^{-1}$;与苯环共轭时,如乙酰苯中 $\sigma(C=O)$ 为 $1\,680\sim1\,695$ cm$^{-1}$,在酰胺中,$\sigma(C=O)$ 为 $1\,650$ cm$^{-1}$ 等。因此在基团特征频率区内,根据所掌握的各种基团频率及其位移规律,就可确定有机化合物分子中存在的原子基团及其在分子中的相对位置。

红外光谱中 $650\sim1\,350$ cm$^{-1}$ 区域常称作指纹区。各种单键的伸缩振动、含氢基团的弯曲振动以及它们之间发生的振动耦合大部分出现在这一区域,使该区域吸收带变得很复杂,许多谱峰无法归属。化合物结构上的微小差异也许并不影响基团特征频率区的谱峰,但会使这一区域的谱峰产生明显差别,犹如人的指纹因人而异一样。

由于绝大部分有机物的红外光谱比较复杂,特别是指纹区的许多谱峰无法一一归属,因此,仅仅依靠对红外光谱图的解析常常难以确定有机物的结构,通常还需要借助于标准试样或红外标准谱图。同一物质在相同的测定条件下测得的红外光谱有很好的重复性,如果两张图谱中各吸收峰的位置、形状及其相对吸收强度一致,则两个化合物具有相同的结构。因此,可以通过比对试样与标准物的红外光谱,或比较试样的红外光谱与红外标准谱图,进行定性分析。

### 三、仪器与试剂

傅里叶变换红外光谱仪(Nicolet iS5 型,见图 6-26-1)或其他型号,压片机和压片模具,玛瑙研钵,红外干燥灯,试样勺,镊子,5-羟甲基糠醛,光谱纯溴化钾等。

图 6-26-1　Nicolet iS5 红外光谱仪

### 四、实验步骤

实验条件:压片机压力 15～30 MPa,测定波数范围 400～4 000 cm$^{-1}$,参比物为空气,扫描次数 16 次,分辨率 4 cm$^{-1}$,室内温度 20 ℃左右,室内相对湿度小于 50%。

实验步骤:(以 Nicolet iS5 型红外光谱仪为例,其他仪器需对实验条件作相应调整)

(1)开启空调及除湿机,使室内温度控制在 20 ℃,相对湿度≤50%。

(2)将红外光谱仪按仪器操作步骤(见附录)调节至正常,设置实验参数。

(3)试样晶片的制作:取预先在 110 ℃烘干 48 h 以上,并保存在干燥器内的溴化钾 150 mg 左右,置于洁净的玛瑙研钵中,加入 2～3 mg 的 5-羟甲基糠醛样品,研磨成均匀粉末,然后转移到压片模具上。以上操作应在红外干燥灯下进行,以使溴化钾粉末保持干燥。按顺序放好各部件后,把压模置于压片机中,并旋转压力丝杆手轮,压紧压模,顺时针旋转放油阀到底,然后缓慢上下移动压把,加压开始,注视压力表,压力加到 15 MPa 以上时(不要超过 30 MPa),停止加压,维持 1 min 左右。逆时针旋转放油阀,加压解除,压力表指针指"0",旋松压力丝杆手轮,取出压模,小心从压模中取出晶片框,并保存在干燥器内。得到的试样晶片直径为 13 mm,厚约 1 mm。

(4)将试样晶片框置于仪器的样品架上,测定其红外吸收光谱。

## 五、数据记录及处理

(1)记录实验条件。

(2)在 5-羟甲基糠醛的红外吸收光谱图上,标出各特征吸收峰的波数,并确定其归属。

(3)从参考文献或谱图库中获得 5-羟甲基糠醛的标准红外吸收光谱,将实验所得图中各吸收峰的位置、形状和相对强度逐一与标准谱图进行比较,并得出结论。

## 六、思考题

(1)红外吸收光谱测绘时,对固体试样的制样有何要求?

(2)如何进行红外吸收光谱的定性分析?

(3)红外光谱实验室为什么要求温度和相对湿度维持一定的指标?

## 七、附录

### 附录一　Nicolet iS5 型红外光谱仪的操作步骤

（1）开机　打开仪器主机电源开关预热 20 min 左右,待主机电源指示灯不再闪烁时,开启计算机,打开 EZ OMINIC 软件。

（2）实验设置　点击"采集"菜单,打开"实验设置",设置采集红外图谱的相关参数,如扫描次数、分辨率、背景光谱管理等,根据需要进行修改。再打开"光学台"选项设置相关参数,可根据需要修改参数数值,如红外波数扫描的范围、增益等,通常选用默认值。实验设置完成后,点击确定即可。

（3）采集红外光谱图　点击"采集"菜单中的"采集样品"(或工具栏中相应图标)或"采集背景"进行实验操作,根据提示项完成图谱采集步骤。

以实验设置中背景光谱管理项选为"采集样品前采集背景"为例,点击"采集"菜单中的"采集样品"选项,根据提示键入谱图标题,先获得背景信号后,再在试样架上放置试样进行信号采集,完成后所得谱图为已扣除背景的试样红外光谱图。

（4）数据处理　完成谱图采集后,可对所得红外光谱图进行适当的数据处理。点击"显示"菜单中"显示参数",根据需要进行设定,如可将采样信息、标注、X 轴、Y 轴、网格、坐标轴范围等在谱图中显示出来。

点击"数据处理"菜单,选择"吸光度"将纵坐标为透射率的谱图转化成吸收谱图(一般谱图纵坐标会选择透射率),单击"自动基线校正"对谱图进行基线校正处理。如果谱图不甚光滑则需进行平滑处理,可点击"自动平滑",或根据需要在"平滑"选项中选择不同平滑点数对谱图进行平滑处理。最后重新将谱图转换成纵坐标为透射率的谱图。

（5）谱图分析　经过数据处理后的谱图可进行谱图分析。

单击"谱图分析"菜单,选择"标峰",设定标峰的阈值,即可自动对谱图中各峰进行波数的标注,对于未自动标注的峰可用软件界面左下方工具栏中的手动标注按钮进行手动标注。定量分析时,选择峰面积、峰高图标可读取各峰的峰面积或峰高。

根据需要选择检索设置和谱图检索选项对谱图进行检索,以确定试样化合物可能的结构,如果软件中无谱图库则不需此操作。

（6）谱图的存储、打印　可对采集的原始谱图或数据处理后得到的谱图进行存储,格式有谱图文件 *.spa、数据文件 *.csv、图片格式 *.tif 等,根据需要选择即可。所得谱图还可进行打印。

（7）关机　完成测定后,将试样从仪器中取出,退出 EZ OMINIC 软件,关闭计算机和仪器主机电源即可。

## 附录二　仪器操作注意事项及维护

（1）保持室内干燥,空调和除湿机必须全天开机（保持环境条件 20 ℃±3 ℃,湿度≤50%）;

（2）保持实验室安静和整洁,不得在实验室内进行样品化学处理,实验完毕即取出样品室内的样品;

（3）经常检查变色硅胶干燥剂颜色,如果蓝色变浅,立即更换;

（4）根据样品特性以及状态,制定相应的制样方法并制样;

（5）设备停止使用时,样品室内应放置适量干燥剂;

（6）将压片模具、KBr 晶体、液体池及其窗片放在干燥器内备用。

## 附录三　实验结果解析

红外光谱定性分析,一般采用两种方法:一种是用已知标准物对照,另一种是标准图谱查对法。已知标准物对照应将标准品和被检物在完全相同的条件下,分别测出其红外光谱进行对照,图谱相同,则应为同一化合物;标准图谱查对法是一个直接、可靠的方法,根据待测样品的来源、物理常数、分子式以及谱图中的特征谱带,查对标准谱图来确定化合物。

1. 图谱的一般解析过程

（1）先从特征频率区入手,找出化合物所含主要官能团。

（2）指纹区分析,进一步找出官能团存在的依据。因为一个基团常有多种振动形式,所以确定该基团就不能只依靠一个特征吸收,必须找出所有的吸收带才行。

（3）对指纹区谱带位置、强度和形状仔细分析,确定化合物可能的结构。

（4）对照标准图谱，配合其他鉴定手段，进一步验证。

（5）把扫谱得到的谱图与已知标准谱图进行对照比较，并找出主要吸收峰的归属。

2. 红外吸收区域划分

红外吸收区主要划分为：官能团区，1 500～4 000 cm$^{-1}$；指纹区，500～1 500 cm$^{-1}$。

（1）2 500～4 000 cm$^{-1}$

这个区域可以称为 X—H 伸缩振动区，X 可以是 O、N、C 和 S 等原子，频率较高，受分子其他部分振动的影响较小，分子的伸缩振动峰通常出现的范围如下：O—H，3 200～3 550 cm$^{-1}$；N—H，3 100～3 400 cm$^{-1}$，C—H，2 800～3 000 cm$^{-1}$；S—H，2 500～2 650 cm$^{-1}$。

（2）2 000～2 500 cm$^{-1}$

此区域可以称为三键和累积双键区（$CO_2$ 吸收 2 365 cm$^{-1}$、2 335 cm$^{-1}$ 需扣除），其中主要包括—C≡C—、—C≡N—等的伸缩振动和—C=C=C—、—C=C=O、—N=C=O 等的反对称伸缩振动，累积双键的对称伸缩振动通常出现在 1 100 cm$^{-1}$ 的指纹区。

（3）1 500～2 000 cm$^{-1}$

这个区域可以称为双键伸缩振动区，其中主要包括 C=C、C=O、C=N、—NO$_2$ 等的伸缩振动，以及—NH$_2$ 的剪切振动、芳环的骨架振动等。

（4）500～1 500 cm$^{-1}$

此区域的光谱比较复杂，是部分单键振动的指纹区，主要包括 C—H、O—H 的变角振动，C—O、C—N、C—X（卤素）、N—O 等的伸缩振动及与 C—C、C—O 有关的骨架振动等。

# 实验二十七　苯酚的紫外光谱绘制及定量分析

## 一、实验目的

(1) 掌握 TU-1901 型紫外-可见分光光度计的工作原理与基本操作；

(2) 学习有机化合物的紫外-可见吸收光谱的绘制及定量测定方法；

(3) 了解苯酚的紫外-可见吸收光谱的特点。

## 二、实验原理

紫外-可见分光光度法是利用某些物质的分子吸收 $200\sim800$ nm 光谱区的辐射来进行分析测定的方法。这种分子吸收光谱主要产生于分子中的外层价电子在电子能级间的跃迁。当分子中价电子经紫外-可见光照射时，电子从低能级跃迁到高能级，此时分子吸收了相应波长的光，其得到的光谱称为紫外-可见吸收光谱。

当一定波长的光通过某物质的溶液时，入射光强度与透射光强度之比的对数与该物质的浓度及厚度成正比。这个规律称为朗伯-比尔定律，是分光光度法定量分析的基础。

苯酚在紫外区有两个吸收峰，在酸性或中性溶液中 $\lambda_{max}$ 为 210 nm 和 272 nm，在碱性溶液中 $\lambda_{max}$ 移至 235 nm 和 288 nm。本实验在中性条件下对苯酚进行分析。

## 三、仪器与试剂

仪器：紫外-可见分光光度计（TU-1901，见图 6-27-1）；分析天平；$100\sim1\,000$ $\mu$L 移液枪 1 支；25 mL 容量瓶若干只。

试剂：苯酚标准储备液（准确称取苯酚 0.300 0 g，置于 1 L 容量瓶中，用去离子水定容）；未知浓度苯酚溶液。

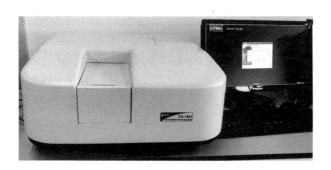

图 6-27-1　TU-1901 紫外-可见分光光度计

### 四、实验步骤

（1）配置苯酚的标准系列溶液：将 5 个 50 mL 容量瓶编号 1～5，在每个容量瓶中分别加入 1.0 mL、1.5 mL、2.0 mL、2.5 mL、3.0 mL 苯酚标准储备液，再用去离子水稀释至刻度，摇匀备用。

（2）打开紫外分光光度计和计算机，预热，对紫外分光光度计进行仪器初始化。

（3）绘制苯酚的吸收光谱：取上述 2 号标准溶液，用 1 cm 吸收池以水做参比溶液绘制苯酚的吸收光谱。找出最大吸收波长 $\lambda_{max}$。

（4）在定量测定模式下，以去离子水为参比溶液，测定步骤（1）中的各标准溶液在 $\lambda_{max}$ 处的吸光度。

（5）在步骤（4）同样条件下，测定未知样品溶液在 $\lambda_{max}$ 处的吸光度。

### 五、数据记录及处理

以步骤（4）测定的各标准苯酚溶液的吸光度为纵坐标，相应的浓度为横坐标绘制工作曲线，再根据未知溶液的吸光度，利用标准曲线求出待测样浓度。

### 六、思考题

（1）本实验是采用紫外-可见吸收光谱中最大吸收波长进行测定的，是否可以在波长较短的吸收峰下进行定量测定？为什么？

（2）被测物浓度过大或过小对测量有何影响？应如何调整？调整的依据是什么？

# 七、附录

## 紫外-可见分光光度计(普析通用 TU-1901)操作规程

1. 开机

打开计算机,Windows 完全启动后,打开主机电源。

2. 仪器初始化

在电脑上打开仪器的控制软件,仪器进行自检。如果自检各项都通过,进入工作界面,预热半小时后,便可按照需求进入下面的操作。

3. 光度测量

(1) 参数设置

单击"光度测量"按钮,进入光度测量。设置光度测量参数,具体输入:① 波长数;② 相应波长值(从长波到短波);③ 测光方式(一般为 T‰或Abs);④ 重复测量次数,是否取平均值。

(2) 校零

单击"校零"按钮,在两个样品池中都放入参比溶液,单击"确定"。校完后,取出外池参比溶液。

(3) 测量

倒掉取出的参比溶液,放入样品溶液,单击"开始",即可测出样品的Abs 值。

4. 光谱扫描

(1) 参数设置

单击"光谱扫描",进入光谱扫描。设置光谱扫描参数:① 波长范围(先输长波再输短波);② 测光方式(一般为 T‰或 Abs);③ 扫描速度(一般为中速);④ 采样间隔(一般为 1 nm 或 0.5 nm);⑤ 记录范围(一般为 0~1)。

(2) 基线校正

单击"基线",在两个样品池中都放入参比溶液,单击"确定",校完后存入基线,取出参比溶液。

(3) 扫描

倒掉取出的参比溶液,放入样品,单击"开始"进行扫描,当扫描完毕后,在软件上操作,检出图谱的峰、谷波长值及 Abs 值。

5. 定量测量

（1）参数设置

单击"定量测量",进入定量测量。设置具体参数:① 测量模式(一般为单波长);② 输入测量波长;③ 选择曲线方式。

（2）校零

在两个样品池中都放入参比溶液,单击"校零"进行校零,校完后取出外池参比溶液。

（3）测量标准样品

将鼠标移动到标准样品测量窗口,倒掉取出的参比溶液,放入 1 号标准样品,单击"开始",输入相应的标液浓度,单击"确定"。以此类推将所配标准样品测完。检查曲线相关系数 $K$ 值情况。

（4）样品测定

放入待测样品,将鼠标移动到未知样品测量窗口,单击"开始"和"确定",即可测出样品浓度。

6. 关机

退出紫外-可见分光光度计操作系统后,依次关掉主机电源、计算机电源(注意:本规程的狭缝均设置为 2 nm)。

7. 注意事项

（1）使用的吸收池必须洁净,并注意配对使用。容量瓶、移液管均应校正、洗净后使用。

（2）取吸收池时,手指应拿磨砂玻璃面的两侧。往吸收池装盛样品时以加到池体高度的 4/5 为宜。使用挥发性溶液时应加盖。透光面要用擦镜纸由上而下擦拭干净,检视应无溶剂残留。吸收池放入样品室时应注意方向相同,用后用溶剂或水冲洗干净,晾干防尘保存。

（3）测定时除另有规定外,应以配制待测样溶液的同批溶剂为空白对照。

# 实验二十八 荧光分析法测定水杨酸含量

## 一、实验目的

（1）掌握荧光分析法测定水杨酸含量的原理和方法；
（2）熟悉荧光分光光度计的基本操作。

## 二、实验原理

处于基态的分子在吸收适当能量（光能、电能、化学能、生物能等）后，其价电子从成键轨道或非键轨道跃迁到反键轨道上去，这就是分子激发态产生的本质。激发态不稳定，通过释放能量衰变到基态。激发态在返回基态时常伴随光子的辐射，这种现象称为光致发光。所谓光致发光是指分子吸收了光能而被激发至较高能态，在返回基态时，发射出与吸收光波长相等或不等的辐射现象。荧光的产生属于分子的光致发光现象。

每个分子都具有一系列的电子能级，每一个电子能级中又包含了一系列的振动能级和转动能级。基态用 $S_0$ 表示，第一电子激发单重态用 $S_1$ 表示。处于激发态的分子是不稳定的，将以辐射跃迁或非辐射跃迁等方式返回基态，这个过程称为分子的去激发过程，而去激发过程包括了多个可能的途径，其中对大多数分子而言，当分子处于第一激发单重态 $S_1$ 的最低振动能级时，分子返回基态的过程比振动弛豫和内转换过程慢得多。分子可能通过发射光子跃迁回到基态的 $S_0$ 的各个振动能级上，这个过程称为荧光发射。荧光发射过程约为 $10^{-8}$ s。

荧光属于光致发光。荧光光谱包括激发光谱和发射光谱。

荧光的激发光谱：通过固定荧光的最大发射波长，改变激发光的波长，测量荧光强度，以激发光波长为横坐标、荧光强度为纵坐标作图，得到荧光的激发光谱曲线。

荧光的发射光谱：通过固定荧光的激发波长，改变发射光的波长，测量荧光强度，以发射光波长为横坐标、荧光强度为纵坐标作图，得到荧光的发射光谱曲线。

通常情况下,荧光发射光谱的发射波长大于激发波长,这种现象称为斯托克斯位移。这种激发和发射之间的位移是由振动弛豫内转换瞬间能量损失产生的。

荧光分析法是光化学分析中最为灵敏的分析方法之一,它比紫外-可见分光光度法的灵敏度要高出 2～4 个数量级,检测下限为 0.1～0.001 $\mu g/mL$。荧光分析法具有选择性好、线性范围宽,且能提供激发光谱、发射光谱、发光强度、发光寿命、量子产率等诸多信息等优点,已成为一种重要的痕量分析技术。当被测物质本身具有荧光时,可以直接测量其荧光度来测定该物质的浓度。芳香族化合物具有共轭的不饱和结构,因此大多能产生荧光,可直接进行荧光的测定。对于大多数无机物或有机物本身没有荧光或发出的荧光很弱时,无法直接进行测定,此时可采用间接法进行测定。间接测定的方法有荧光猝灭法和荧光衍生法。荧光猝灭法是分子本身没有荧光,但可使某种荧光物质的荧光猝灭,通过测量该荧光物质荧光强度的降低而间接测定该分析物。因此,荧光分析法已广泛应用于无机化合物和有机化合物及生物分子的分析中,在生物化学、药物学等领域有着广泛的应用。

邻羟基苯甲酸(亦称水杨酸),含有一个能发射荧光的苯环,在 pH＝12 的碱性溶液和 pH＝5.5 的近中性溶液中,310 nm 附近紫外光的激发下会发射荧光;而且 pH＝5.5 的近中性溶液中邻羟基苯甲酸因羟基与羧基形成分子内氢键,增加了分子刚性而有较强荧光。利用此性质,在 pH＝5.5 时测定邻羟基苯甲酸的荧光强度。已有研究表明水杨酸的浓度在 0～12 $\mu g/mL$ 范围内均与其荧光强度呈良好的线性关系。

### 三、仪器与试剂

荧光分光光度计(F-4600 型,见图 6-28-1)、石英皿、容量瓶、移液管、比色管。邻羟基苯甲酸标准储备溶液[60 $\mu g/mL$(水溶液)]、HAc-NaAc 缓冲溶液(47 g NaAc 和 6 g 冰醋酸溶于水并稀释至 1 L 得到 pH＝5.5 的缓冲溶液)。

图 6-28-1　F-4600 型荧光分光光度计

### 四、实验步骤

1. 邻羟基苯甲酸标准溶液的配制

分别移取 0.40 mL、0.80 mL、1.20 mL、1.60 mL、2.00 mL 邻羟基苯甲酸标准储备溶液于已编号的 10 mL 比色管中,再分别加入 1.0 mL pH＝5.5 的 HAc-NaAc 缓冲溶液,用去离子水稀释至刻度,摇匀备用。

2. 确定最大发射波长和激发波长

选取邻羟基苯甲酸标准溶液中浓度适中的溶液来测定其激发光谱和发射光谱。先固定发射波长为 400 nm,在 $250 \sim 350$ nm 区间进行激发波长扫描,获得溶液的激发光谱和荧光最大激发波长$\lambda_{ex}$;再固定最大激发波长$\lambda_{ex}$,在 $350 \sim 500$ nm 区间进行发射波长扫描,获得溶液的发射光谱和荧光最大发射波长$\lambda_{em}$。

3. 鉴定未知溶液

确定待测样品的 pH 值,如 pH 值不在 5.5 附近,通过加入适量的酸、碱或缓冲溶液调整溶液的 pH 值为 5.5。根据上述激发光谱和发射光谱的扫描结果,在所确定激发波长和发射波长处,测量待测样品的荧光强度。

4. 标准溶液荧光强度的测定

设置上述实验所确定的最大发射波长$\lambda_{em}$和最大激发波长 $\lambda_{ex}$,在此组波长下测定上述各标准系列溶液的荧光强度。以溶液荧光强度为纵坐标、溶液浓度为横坐标绘制标准曲线。根据所测得的未知溶液的荧光强度在标准曲线上确定邻羟基苯甲酸的浓度。

## 五、数据记录及处理

（1）邻羟基苯甲酸标准溶液和样品荧光强度的测定记录于表 6-28-1 中。

表 6-28-1　数据记录

| 溶液名称 | 邻羟基苯甲酸标准溶液 | | | | | 样品 |
|---|---|---|---|---|---|---|
| | 1 | 2 | 3 | 4 | 5 | |
| 浓度/(μg/mL) | | | | | | |
| 荧光强度 | | | | | | |

（2）以各标准溶液的荧光强度为纵坐标，分别以邻羟基苯甲酸的浓度为横坐标作标准曲线。

## 六、思考题

（1）结合荧光产生的机理，说明为什么荧光物质的最大发射波长总是大于最大激发波长。

（2）从本实验中总结出几条影响物质荧光强度的因素。

## 七、附录

F-4600 型荧光分光光度计操作规程

1. 仪器功能

测定溶液、粉末、薄膜等形态样品的荧光二维和三维光谱。

2. 操作步骤

（1）打开光度计左侧的电源开关，仪器前方右侧的运行指示灯和氙灯指示灯亮。

（2）仪器启动 15 min 后，打开电脑，打开荧光分光光度计工作站，联机工作。工作站出现绿色的显示为"Ready"字样的标志，表明电脑与仪器连接良好，可以继续工作。

（3）激发光谱扫描：点击"Edit"菜单中"Method"进行激发光谱扫描实验方法的设置。

① 在"General"菜单中选择波长扫描(Wavelength scan)。

② 在"Instrument"菜单中,扫描模式(Scan mode)选择激发扫描(Excitation),数据采集模式(Data mode)选择荧光强度(Fluorescence),根据待测试样的性质,设置发射波长(EM WL)、激发起始波长(EX Start WL)、激发结束波长(EX End WL)、扫描速度、狭缝宽度、光电倍增管电压等参数,根据实际情况设定或使用默认值。

③ 在 Monitor 菜单中设置纵坐标范围,数据结果显示"可选择数据采集完成后打开数据处理窗口"。

④ 在 Processing 菜单中按需要选择处理方法,如"Savitsky-Golay Smoth"。

⑤ 方法设置完成后点击预扫描(Prescan),完成后点击测量(Measure)。

⑥ 根据需要对谱图进行保存或打印。

(4) 发射光谱扫描:点击"Edit"菜单中"Method"进行发射光谱扫描实验方法的设置。

① 在"General"菜单中选择波长扫描(Wavelength scan)。

② 在"Instrument"菜单中,扫描模式(Scan mode)选择发射扫描(Emission),数据采集模式(Data mode)选择荧光强度(Fluorescence),根据待测试样的性质,设置发射波长(EM WL)、发射起始波长(EM Start WL)、发射结束波长(EM End WL)、扫描速度、狭缝宽度、光电倍增管电压等参数,根据实际情况设定或使用默认值。

③ 在 Monitor 菜单中设置纵坐标范围,数据结果显示"可选择数据采集完成后打开数据处理窗口"。

④ 在 Processing 菜单中按需要选择处理方法,如"Savitsky-Golay Smoth"。

⑤ 方法设置完成后点击预扫描(Prescan),完成后点击测量(Measure)。

⑥ 根据需要对谱图进行保存或打印。

(5) 荧光光度值测量:点击"Edit"菜单中"Method"进行荧光光度值测量实验方法的设置。

① 在"General"菜单中选择荧光光度值测量(Photometry)。

② 在"Quantitation"菜单中,定量方法选择波长(Wavelength)、校正方法(Calibration type)、波数(Number of wavelenghs)等参数根据实际情况设

定或使用默认值。

③ 在"Instrument"菜单中,数据采集模式(Data mode)选择荧光强度(Fluorescence),波长方式(Wavelength mode)、扫描速度、狭缝宽度、光电倍增管电压等参数根据实际情况设定或使用默认值。

④ 在"Standards"菜单中,标准试样个数、标准试样编号、标准试样浓度按实际情况设置。

⑤ 在 Monitor 菜单中设置纵坐标范围,数据结果显示"可选择数据采集完成后打开数据处理窗口"。

⑥ 方法设置完成后,点击"Measure"进行标准试样和未知试样的测定。

(6) 关机:测试完成后取出试样,点击退出软件,并选择关闭氙灯和监视器窗口,关闭计算机 10 min 后,关闭主机电源。

(7) 注意事项

① 荧光比色皿为四面均匀光学面的石英比色皿,使用时应保持四面洁净。

② 为保障氙灯的使用寿命,试验完毕后先用软件关闭氙灯,10 min 后再关闭仪器主机电源。

③ 溶剂不纯会带入较大误差,应先做空白检查,必要时应用玻璃磨口蒸馏器蒸馏后再用。

④ 溶液中的悬浮物对光有散射作用,必要时应用微孔滤膜过滤。

⑤ 所用玻璃仪器也必须保持高度洁净。

⑥ 溶液中的溶氧有降低荧光作用,必要时可在测定前进行超声波或通入惰性气体除氧。

⑦ 测定时需注意溶液 pH 值和试剂的纯度等对荧光强度的影响。

# 实验二十九　二氧化钛的 X 射线粉末衍射分析

## 一、实验目的

(1) 了解 X 射线粉末衍射分析仪的工作原理;

（2）熟悉 D8 Advance 型 X 射线衍射仪的使用方法；

（3）学习利用 X 射线粉末衍射进行物相分析。

## 二、实验原理

X 射线衍射(X-ray diffraction,简称 XRD)是一种重要的无损分析工具，用于衍射分析的 X 射线波长为 5～25 nm。物质结构中，原子和分子的距离正好落在 X 射线的波长范围内，所以物质（特别是晶体）对 X 射线的散射和衍射能够传递极为丰富的微观结构信息。

当 X 射线入射到晶体时，基于晶体结构的周期性，晶体中各个电子的散射波可相互叠加，称之为相干散射，这些相干散射波相互叠加的结果，产生了晶体的 X 射线衍射现象。散射波周相一致相互加强的方向称衍射方向，衍射方向取决于晶体的周期或晶胞的大小，晶胞中各个原子及其位置则决定衍射强度。

物质的每种晶体结构都有自己独特的 X 射线衍射图（即为"指纹"特征），而且不会因为与其他物质混合在一起而发生变化，这就是 X 射线衍射法进行物相分析的依据。

粉末衍射标准联合委员会(Joint Committee on Powder Diffraction Standards,JCPDS)将文献中可靠的粉末数据编印成卡片，便于研究者查对。

## 三、仪器与试剂

Bruker 公司的 X 射线衍射仪(D8 Advance,见图 6-29-1)，玛瑙研钵 1 只，载玻片 1 块，标准样品架 1 只。经预处理的待测样品二氧化钛粉末。

## 四、实验步骤

1. 开机

（1）开电脑。

（2）开水冷系统：先开水冷机侧面板电源开关，再开水冷机正面板水泵开关。

（3）开总电源。

（4）开稳压器（等到输出稳定）。

图 6-29-1　D8 Advance X 射线衍射仪

（5）开锁并检查仪器主机两侧"STOP"钮是否被释放,按下右侧面板绿色"1",黄色 busy 灯亮,直到黄色 busy 灯灭,说明控制计算机启动完毕。开启高压,顺时针旋转"high voltage"并保持至黄色"ready"灯闪烁或常亮。

（6）仪器预热 20～30 min 后,启动 XRD Commands。

① 轴的初始化。

② 设定电压为 40 kV,再调电流为 40 mA,以 Cu 靶为辐射线源。

2. 试样的要求及制备

（1）试样要求:粉晶、表面平整、晶粒直径≤15 $\mu$m。

（2）制备:用药匙取出适量试样于玛瑙研钵中,充分研磨至无颗粒感。取少许研磨过的二氧化钛粉末尽可能均匀地装入样品框中,用小抹刀的刀口轻轻垛紧,使粉末在样品架内摊匀堆好。用小抹刀（或载玻片）把粉末轻轻压紧、压平、压实,然后用保险刀片（或载玻片的断口）把多余凸出的粉末削去,固定于衍射仪样品室的样品台上（注意圆心对准）,关闭样品室防护门。

3. 测试

双击 DIFFRAC. MEASUREMENT 图标,打开测试软件,在相应的栏目中设定步长、扫描时间、扫描范围等各项参数,启动 X-射线探测器（按

start)开始测试,此时仪器样品室上方的红色警示灯亮起。待测试结束且红色警示灯灭掉后,方可打开样品室防护门,换取样品并将样品台清理干净。

4. 关机

(1)调低功率,调节电压和电流到最低(20 kV,5 mA)。

(2)关高压电,逆时针旋转"high voltage"一下,待 20～30 nin 后再关闭电脑。

(3)关机,仪器主机右侧面板两个灯变成白色。

(4)关水冷系统:先关水冷机正面板水泵开关,再关水冷机侧面板主电源开关。

(5)关稳压器。

(6)关总电源。

## 五、数据记录及处理

双击 Eva 图标,打开名为" * . raw"的文件,根据 Bragg 公式求出各衍射峰所对应的 $d$ 值,由 JCPDS 卡片数据库中查出 Ti 及 $TiO_2$ 的标准衍射数据;将实验数据与之进行比对,分析试样的物相和纯度,并对各衍射峰进行指标化。

## 六、注意事项

(1)关上玻璃门时一定要将把手向里插,听到"咯"的一声,确定门被自动锁上。

(2)开玻璃门时记得先按"Open door"按钮,切忌硬拉玻璃门把手。

(3)缓慢移动玻璃门,玻璃门易碎且昂贵。

(4)仪器玻璃柜顶上四个 X 射线指示灯稍有问题将导致 X 射线发生器无法开启,注意不要碰坏。

(5)非专业人员请勿打开仪器主机左面、右面、背面面板。

(6)仪器周围水管、气管、电线比较多,注意不要踩到。

# 实验三十　气相色谱法分析生物质催化热解产物

## 一、实验目的

（1）了解气相色谱仪的基本结构、工作原理和操作技术；

（2）了解填充柱的特点和适用范围；

（3）了解毛细管色谱法的分离原理、特点及与填充柱色谱的区别；

（4）掌握外标法定量分析的原理。

## 二、实验原理

### （一）气相色谱法分析原理

气相色谱法（gas chromatography，简称 GC）主要是利用物质的沸点、极性及吸附性质的差异来实现混合物的分离。待分析样品在气化室气化后被惰性气体（即载气，也叫流动相）带入色谱柱，柱内含有液体或固体固定相。由于样品中各组分的沸点、极性或吸附性能不同，每种组分都倾向于在流动相和固定相之间形成分配或吸附平衡。但由于载气是流动的，这种平衡实际上很难建立起来。也正是由于载气的流动，使各组分在运动中进行反复多次的分配或吸附/解吸附，结果是在载气中浓度大的组分先流出色谱柱，而在固定相中分配浓度大的组分后流出。当组分流出色谱柱后，立即进入检测器。检测器能够将样品组分转变为电信号，而电信号的大小与被测组分的量或浓度成正比。当将这些信号放大并记录下来，即为气相色谱图。

气相色谱法分离的原理主要是基于组分与固定相之间的吸附或溶解作用，相邻两组分之间分离的程度，既取决于组分在两相间的分配系数，又取决于组分在两相间的扩散作用和传质阻力，前者与色谱过程的热力学因素有关，后者与色谱过程的动力学因素有关。

### （二）气相色谱仪构成及原理

气相色谱仪大致可以分为以下六大系统：气路系统、进样系统、分离系统、检测系统、数据处理系统、温控系统，如图 6-30-1 所示。下面重点介绍进样系统、分离系统和检测系统。

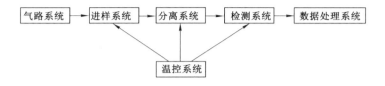

图 6-30-1　气相色谱仪基本单元

1. 进样系统

进样系统的作用就是把各种形态的样品转化为气态,并使样品进入系统以便分离分析。进样系统组成部分为进样器、气化室、加热系统,毛细管柱色谱的进样系统还包括分流器部分。气相色谱进样可采用微量进样器手动进样或自动进样器进样。自动进样器可自动完成进样针清洗、润洗、取样、进样等过程。对于气态样品经常采用六通阀进样,六通阀进样尤其适合于实时在线分析。

对于填充柱进样系统,样品进入进样口后被瞬间气化,所有被气化的样品组分被带入色谱柱进行分离。而毛细管柱进样较为复杂,其中分流/不分流是毛细管柱气相色谱最常用的进样方式,分流模式主要用于样品中高含量组分的分析,不分流模式主要用于痕量组分的分析。

2. 分离系统

分离系统是色谱分析的核心,其作用就是把样品中的各个组分分离开来。分离系统主要包括柱室(后开门、风扇)、色谱柱、温控部件。

色谱柱一般可分为填充柱和毛细管柱两类,填充柱由不锈钢或玻璃材料制成,内装有固定相,柱内径一般为 $2\sim4$ mm,柱长 $1\sim10$ m。常用的毛细管柱是将固定液均匀地涂在内径 $0.1\sim0.5$ mm 的毛细管内壁而成的,也可在毛细管内壁涂上多孔材料用于气固色谱分析。与填充柱相比,毛细管柱分析效率高,分析速度快,样品用量少,但柱容量低,要求检测器的灵敏度高。

气相色谱分析中,待测组分的分离效果在很大程度上取决于固定相,因而气相色谱固定相是气相色谱分析的核心和关键。气相色谱的固定相分为固体固定相和液体固定相,液体固定相也称为固定液。

（1）固体固定相

固体固定相是表面有一定活性的固体吸附剂，当样品随载气不断通过色谱柱时，利用固体吸附剂表面对样品各组分的吸附和解吸差异实现色谱分离的目的。常用的气-固色谱固定相有活性炭、氧化铝、硅胶、分子筛、高分子多孔小球等。

（2）液体固定相

液体固定液必须涂渍在载体或毛细管柱内壁上才能发挥其分离混合物的作用。载体要求比表面积较大，孔径分布均匀；表面化学惰性，无吸附和催化性能；热稳定性好，有一定机械强度。载体大致可分为硅藻土型与非硅藻土型两类，前者应用比较普遍，只有在特殊情况下采用氟化物和玻璃微球等非硅藻土型载体。

理想的固定液，在色谱柱操作的温度下，需要具备以下各种条件：① 有较大的溶解能力和高的选择性，这样，各组分随载气通过色谱柱时在固定液中有较大的、各不相同的溶解度，就有可能达到良好的分离。② 蒸气压低，在实际的操作柱温下不易挥发（蒸气压一般在 1.333 2～13.332 Pa），以免固定液流失。③ 固定液的化学稳定性要好，在一般情况下不与载体、组分和载气起不可逆化学反应。④ 固定液的使用温度范围要宽，黏度要小，凝固点要低，热稳定性要好，在较低温度下不凝固，在较高温度下不发生分解、聚合和交联。根据上述要求，如能正确地选择到合适的固定液，加之正确的涂渍与装柱技术，就可制备出柱效高的色谱柱。气-液色谱中使用的固定液已达 1 000多种。

常见的固定液有以下几类：① 烃类，以角鲨烷为代表，它是极性最小的固定液；② 醇和聚醇，它们是能形成氢键的强极性固定液，其中应用最广泛的是聚乙二醇及其衍生物，其中尤以分子量为 2 000 左右，商品名为 PEG-20M 或 Carbowax 20M 使用最为广泛；③ 酯和聚酯，聚酯由多元酸和多元醇反应得到，对醚、酯、酮、硫醇等有较强的保留能力；④ 聚硅氧烷类，聚二甲基硅氧烷是在气相色谱中应用最广的一类固定液，它具有很高的热稳定性和很宽的液态温度范围，在－60～350 ℃均为稳定的液体状态，相当多的化合物均可在该类固定液上得到很好的分离。硅氧烷的烷基可被各种基团，如苯基和氰基取代，形成具有不同极性和选择性的固定液系列。

3. 检测系统

检测器是将流出色谱柱的被测组分的浓度转变为电信号的装置,是色谱仪的"眼睛",通常由检测元件、放大器、数模转换器三部分组成;被色谱柱分离后的组分依次进入检测器,按其浓度或质量随时间的变化,转化成相应电信号,经放大后记录和显示,给出色谱图。

下面介绍常用的热导检测器和氢火焰离子化检测器。

（1）热导检测器

热导检测器（TCD）是目前应用最广泛的一种检测器。热导检测器的工作原理是不同的物质具有不同的热导率。在工作时保持恒温,含有被测组分载体的热导率与纯载气的热导率大不相同。当组分被载气带入热导池中,会引起池体上安装的热敏元件温度的变化,由此产生热敏元件阻值的变化,惠斯顿电桥平衡被破坏,输出电信号。信号的大小随组分含量的变化而变化,故可以通过得到的信号的大小计算出组分的含量。

优点:结构简单;稳定性好;线性范围宽;不破坏组分,可重新收集制备;通用型,应用广泛,适用于无机气体和有机物,可用于常量分析或分析含有十万分之几以上的组分含量。缺点:与其他检测器相比灵敏度稍低（因大多数组分与载气热导率差别不大）。

（2）氢火焰离子化检测器

氢火焰离子化检测器（FID）主要用于可在 $H_2$-空气火焰中燃烧的有机化合物（如烃类物质）的微量检测,是典型的破坏型、质量型检测器,已得到广泛应用。

其工作原理是:在外加 $50\sim300$ V 电场的作用下,氢气在空气中燃烧,生成的热量作为能源,形成的离子流是微弱的。当载气（如 $N_2$）带着有机物样品进入燃烧着的氢火焰时,有机物与 $O_2$ 进行化学电离反应产生大量的离子,离子在收集极化电压的作用下,正离子向负极移动,电子向正极移动,形成离子流。离子流的大小和火焰中燃烧样品的量成正比,离子流被静电计转化成数字信号,由电流输出设备输出,最后由工作站画出色谱图。

其特点是:

① 灵敏度高,能检测出 $10^{-9}$ 级的痕量有机物质、线性范围宽、噪声低、结构简单、稳定性好、响应迅速等。

② 对无机物、永久性气体和水基本无响应,因此 FID 特别适于水中和大气中痕量有机物分析或受水、N 和 S 的氧化物污染的有机物分析。

③ 对含羰基、羟基、卤代基和氨基的有机物灵敏度很低或根本无响应。

④ 不适于分析稀有气体、$O_2$、$N_2$、$N_2O$、$H_2S$、$SO_2$、$CO$、$CO_2$、$COS$、$H_2O$、$NH_3$、$SiCl_4$、$SiHCl_3$、$SiF_4$、$HCN$ 等。

⑤ 样品受到破坏,无法回收。

(三)气相色谱定量分析方法

气相色谱定量分析方法主要有归一化法、内标法和外标法。

1. 归一化法

归一化法适用于样品中所有组分都能从色谱柱内流出,且能在线性范围内被检测器检出,同时又能测定或查出各组分的相对校正因子的情况。

$$X_i = \frac{f_i A_i}{\sum(f_i A_i)} \times 100\% \qquad (1)$$

式中,$X_i$、$A_i$、$f_i$ 分别表示组分 $i$ 的质量分数、峰面积和相对较正因子。

归一化定量法的优点是简便、准确,实验结果与进样准确度无关,仪器与操作条件稍有变动所致的影响也不大,故此法的定量结果比较准确,缺点是不需要定量的组分也要测出校正因子和峰面积。对于样品中所有的组分不能全部出峰的,不能采用此法。

2. 外标法

外标法较为简便,不需要校正因子,但要求进样量准确,色谱操作条件一致,适用于常规分析和大量样品的分析。外标法分为标准曲线法和外标一点法。

(1)标准曲线法是用待测组分的标准品,在一定浓度范围内配制一系列不同浓度的标准溶液,然后在一定色谱条件下测定该系列不同浓度的标准品溶液的峰面积。以峰面积为纵坐标、浓度为横坐标作图,可得到线性回归方程 $A = a + bc$($A$ 为峰面积,$a$ 为截距,$b$ 为斜率,$c$ 为浓度)。在相同色谱条件下对样品溶液进行测定,可得样品溶液中待测组分的峰面积,将峰面积代入线性回归方程,即可得样品中待测组分的浓度。

(2)外标一点法是用待测组分的标准品配制一定浓度的标准品溶液($c_s$,浓度一般与实际样品中待测组分的浓度相近),同时配制样品溶液,并在相同色谱条件下对标准溶液和样品溶液分别进行测定,得到峰面积。根据式(2)计算出样品中待测组分的浓度。

$$c_i = \frac{A_i}{A_s} \times c_s \qquad (2)$$

当试样中不是所有组分都能出峰的情况下可采用此方法。其缺点是要求进样的重复性和操作条件的稳定性要高,且配制的标准物的纯度要高,才能保证定量结果的准确性。

### 三、仪器与试剂

(1) 气相色谱仪 1(图 6-30-1)。装有 2 个填充柱和 1 个毛细管柱、热导检测器、CO 镍触媒转化炉(微量 CO 转化为 $CH_4$ 检测)、氢火焰离子化检测器、色谱数据处理工作站、六通阀。气相色谱仪 2:配有毛细管分流进样系统、毛细管柱、氢火焰离子化检测器和色谱数据处理工作站,具程序升温功能。

图 6-30-1 气相色谱仪

(2) 色谱条件。气相色谱仪 1:柱温 70 ℃,热导检测器 100 ℃,载气 Ar,转化炉 360 ℃,氢火焰离子化检测器 250 ℃。气相色谱仪 2:柱温 70 ℃;升温程序(可调):初始恒温 5 min 后,以速率 10 ℃/min 升温至 250 ℃,保留 5 min;检测器、气化室:280 ℃;载气:Ar;载气流速:1 mL/min;尾吹:30 mL/min;进样量:0.1 μL;分流比 1∶20。

(3) 材料与试剂。1 mL 微量进样器,1 μL 微量进样器。取定量的苯、甲苯、二甲苯、萘、甲基萘溶于合适的溶剂（如甲醇）中，制成标准溶液。准备含有 $H_2$、$CO$、$CH_4$、$CO_2$ 的标准气体。

## 四、实验步骤

（1）按照操作规程打开气相色谱仪 1，设置好初始条件，等待基线稳定。

（2）做标样：用六通阀或进样针进标准气体，待各组分出峰后，对各峰进行积分。

（3）建立方法（外标一点法）。首先在软件中进行如下操作：文件→编辑组分表→定量组分表→定量组分编辑，调入待处理的谱图文件，"添加所有峰"，在"定量组分编辑"里填上标样中各组分的浓度，软件会自动计算已填写浓度的校正因子。下一步为各组分设置方程：将各组分前面相应点的"使用"勾选，所有方程均可调整曲线类型及原点方案。校正曲线制作完毕，保存为.cal 文件。

（4）生物质热解实验中产生的气态产物用气袋收集，用和标准气体同样的方法对该气体进行分析。

（5）定量结果计算：选用外标法，调入已经保存的组分表文件，软件可计算得到各组分的含量。

（6）按照操作规程打开气相色谱仪 2，设置好初始条件，等待基线稳定。稳定后首先测试标准溶液，用同样的方法建立方法文件。之后在相同条件下，分析生物质热解产物的液态部分，定性定量分析得到的结果。

## 五、数据记录及处理

查阅参考文献，将气态产物和液态产物的定性定量分析结果和参考文献进行对比，得出研究结论。

## 六、思考题

（1）氢火焰离子化检测器的工作原理是什么？各部分气体起什么作用？

（2）毛细管柱和填充柱的区别是什么？性能上有何差别？能否以毛细管柱完全代替填充柱？

（3）热导检测器的原理是什么？使用中应注意什么事项？

（4）气相色谱仪上安装的转化炉有什么作用？

## 七、附录

附录一 福立 9790-Ⅱ气相色谱仪操作规程

**（一）气体测试系统**

（1）打开 Ar 钢瓶，调节 Ar 压力为 0.4 MPa。打开氢气和空气发生器。

（2）打开 GC 电源。

（3）打开电脑，点击 GC Solution 图标，弹出窗口后双击 2 号仪器，弹出登录界面后点击登录。听见 GC 发出"哔"的声音，表示工作站与 GC 联机正常。

（4）加载开机方法：确定流路 2-DTCD 电流显示"0 mA"后，单击"打开系统"。

（5）仪器通气运行 20 min 后，加载做样方法，确定流路 2-DTCD 电流显示"0 mA"后，单击加载。

（6）准备就绪后，确定点火方法。

（7）设置流路 2-DTCD 电流（最大 70 mA，一般 50 mA 即可）。若基线为倾斜走向变动，立即关闭系统，避免损坏仪器。

（8）待准备就绪后，单击单次分析，设置样品文件名及存储路径，单击开始，进样，按仪器面板 Start 按钮，仪器开始采集数据。

（9）关机：仪器采集数据完毕，加载关机方法，单击加载。此时关闭氢气和空气开关，待 FID 检测器温度降至 100 ℃以下，点击"关闭系统"按钮。待 TCD 检测器温度降至 70 ℃以下时，关闭 GC 电源，关闭 Ar 阀门和 Ar 钢瓶。

**（二）液体测试系统**

（1）打开 Ar 钢瓶，调节 Ar 压力为 0.4 MPa；打开氢气和空气发生器。

（2）打开 GC 电源。

（3）打开电脑，点击 GC Solution 图标，弹出窗口后双击 1 号仪器，弹出登录界面后点击登录。听见 GC 发出"哔"的声音，表示工作站与 GC 联机正常。

（4）在软件界面上单击"打开系统"，并确定气体流量达到设定值。

（5）加载开机方法。

（6）准备就绪后，加载合适的做样方法。

（7）确认点火。

（8）待准备就绪后，单击单次分析，设置样品文件名及存储路径，单击开始，进样，按仪器面板 Start 按钮，仪器开始采集数据。

（9）关机：仪器采集数据完毕，加载关机方法，单击下载，此时关闭氢气和空气开关。待 FID 检测器温度降至 100 ℃ 以下，关闭氢气阀门，关闭 GC 电源，关闭 Ar 阀门和 Ar 钢瓶。

注意：柱箱温度不得高于 350 ℃，进样口及 FID 检测器温度不得高于 420 ℃，FID 检测器温度至少高于柱箱温度 20 ℃。

## 附录二  气相色谱手动进样操作要点

气相色谱分析过程中，手动进样是十分重要的操作环节，正确的进样操作是获得准确的分析结果的前提。进样时进针位置及速度，针尖停留和拔出速度都会影响进样重现性，一般要求进样的相对误差为 2%～5%。以下为气相色谱液体手动进样操作要点：

（1）注射器取样时，应先用待测试液洗涤 5～6 次，然后缓慢抽取一定量试液，若仍有空气带入注射器内，可将针头朝上，待空气排除后，再排去多余试液便可进样。若使用体积小于 5 μL 的微量注射器，洗涤次数需相应增加。

（2）进样时要求注射器垂直于进样口，左手扶着针头以防弯曲，右手拿注射器，右手食指卡在注射器芯子和注射器管的交界处，这样可以避免当进针到气路中由于载气压力较高把芯子顶出，影响正确进样。

（3）将注射器插入气化室内部，使针尖位于气化室加热块中部，推入试样，停留 1～2 s 后，拔出注射器。整个进样操作要求连贯、稳当、迅速。

（4）微量注射器使用完毕后必须用乙醇、丙酮等有机溶剂清洗干净。

（5）要经常注意更换进样器上硅橡胶密封垫片，该垫片经 20～50 次穿刺进样后，气密性降低，容易漏气。

# 实验三十一　凝胶色谱法测定聚碳酸酯的分子量分布

## 一、实验目的

（1）了解凝胶渗透色谱的测量原理，初步掌握凝胶渗透色谱仪的进样、淋洗、接收、检测等操作技术。

（2）掌握分子量分布曲线的分析方法，得到样品的数均分子量和重均分子量。

## 二、实验原理

凝胶渗透色谱（gel permeation chromatography，简称 GPC）又称尺寸排阻色谱，其以有机溶剂为流动相，流经分离介质多孔填料（如多孔硅胶或多孔树脂）而实现物质的分离。GPC 可用于小分子物质和化学性质相同而分子体积不同的高分子同系物等的分离和鉴定。凝胶渗透色谱是测定高分子材料分子量及其分布的最常用、快速和有效的方法。

（一）凝胶渗透色谱分离原理

让被测量的高聚物溶液通过一根内装不同孔径粒子的色谱柱，柱中可供分子通行的路径包括粒子间的间隙（较大）和粒子内的通孔（较小），如图6-31-1 所示。当待测聚合物溶液流经色谱柱时，较大的分子只能从粒子的间隙通过，被排除在粒子的小孔之外，速率较快；较小的分子能够进入粒子中的小孔，通过的速率慢得多。这样经过一定长度的色谱柱分离后，分子根据分子量就被区分开来了，分子量大的在前面流出（其淋洗时间短），分子量小的在后面流出（淋洗时间长）。从试样进柱到被淋洗出来所接收到的淋出液总体积称为该试样的淋出体积。当仪器和实验条件确定后，溶质的淋出体积与其分子量有关，分子量越大，其淋出体积越小。

显然，凝胶色谱法的分离完全是严格地建立在分子尺寸大小的基础上的，通常不应该在固定相上发生对试样的吸着和吸附。同时，也不应该在固定相和试样之间发生化学反应。

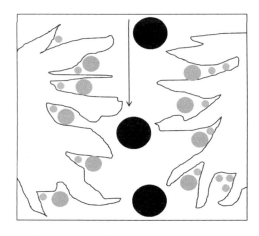

图 6-31-1　不同尺寸分子通过凝胶原理图

凝胶渗透色谱法的特点是样品的保留体积不会超过色谱柱中溶剂的总量,因而保留值的范围是可以推测的,这样可以每隔一定时间连续进样而不会造成色谱缝的重叠,提高了仪器的使用率,其缺点则是柱容量较小。

通常洗脱剂分子是非常小的,它们的谱峰一般是在色谱图中最后出现(此时为 $t_0$)。显然各被测物质均在 $t_0$ 之前被洗脱,即它们的 $t_r$ 均小于 $t_0$,这与液-液、液-固和离子交换色谱的情况正好相反。

（二）仪器基本构成

凝胶色谱仪的组成包括泵系统、进样系统、凝胶色谱柱、检测系统和数据采集与处理系统。

1. 泵系统

泵系统包括一个溶剂储存器、一套脱气装置和一个高压泵,它的工作是使流动相溶剂以恒定的流速流入色谱柱。泵的工作状况好坏,直接影响着最终数据的准确性。越是精密的仪器,要求泵的工作状态越稳定,要求流量的误差应该低于 $0.01 \ \mathrm{mL/min}$。

2. 色谱柱

色谱柱是 GPC 分离的核心部件,在一根不锈钢空心细管中加入孔径不同的微粒作为填料。每根色谱柱都存在一定的分子量分离范围和渗透极限,因此色谱柱存在使用上限和下限。色谱柱的使用上限是当聚合物最小的分子的尺寸比色谱柱中最大的凝胶的尺寸还大。这时高聚物无法进入凝胶颗粒孔径，全部从凝胶颗粒外部流过，达不到分离不同分子量的高聚物的目的，并且还会有堵塞凝胶孔的可能，影响色谱柱的分离效果，降低其使用寿命。色谱柱的使用下限是聚合物中最大尺寸的分子链比凝胶孔的最小孔径还要小，这时也达不到分离不同分子量的高聚物的目的。因此，在使用凝胶色谱仪测定分子量时，必须首先选择一条和聚合物相对分子量范围相匹配的色谱柱。常用色谱柱如表 6-31-1 所示。

**表 6-31-1　国内外常用凝胶渗透色谱柱及其型号**

| 生产厂家 | 凝胶类别 | 柱子尺寸（内径×长度） | 分子量分离范围（聚苯乙烯） | 渗透极限（分子量或尺寸） |
|---|---|---|---|---|
| 中国，北海电子仪器厂，SN-01 型 | 多孔硅凝胶 | 8 mm×120 cm | | 4 万，10 万，40 万，100 万 |
| 美国，Waters、ASS Ind.，SLC/GPC200 系列 | 交联聚苯乙烯凝胶、键合硅凝胶 | 7.8 mm×30 cm 3.9 mm×30 cm | $0\sim700,500\sim10^4$, $10^3\sim2\times10^4,10^5\sim$ $2\times10^6,0.2\sim5$ $\times10^4$ | $700,1\,000,2\times10^4$, $2\times10^5,2\times10^6,5\times$ $10^4,5\times10^5$ |
| 日本，东曹公司，G1000H ～ G7000H，GM1×H | 交联聚苯乙烯凝胶 | 8 mm×60 cm 8 mm×120 cm | $1\,000\sim4\times10^8$ | $1\,000,10^4,6\times10^4$, $4\times10^5,4\times10^6,4\times$ $10^7,4\times10^8$ |

### 3. 填料

根据所使用的溶剂选择填料，对填料最基本的要求是填料不能被溶剂溶解。凝胶主要有有机凝胶和无机凝胶。有机凝胶主要有交联聚乙酸乙烯酯凝胶（最高 100 ℃，适用于乙醇、丙酮一类极性溶剂）和交联聚苯乙烯凝胶（适用于有机溶剂，可耐高温）。其中交联聚苯乙烯凝胶的特点是孔径分布宽，分离范围大，适用于非极性有机溶剂。常用的凝胶颗粒分别为 5 $\mu$m、10 $\mu$m 和 20 $\mu$m，分别用于测定低、中和超高分子量的高分子。无机凝胶主要有多孔玻璃、多孔氧化铝和改性多孔硅胶。其中改性多孔硅胶较常用，其特点是适用范围广（包括极性和非极性溶剂），尺寸稳定性好，耐压，易更换溶剂，流动阻力小，缺点是吸附现象比聚苯乙烯凝胶严重。

### 4. 检测系统

检测器装在凝胶渗透色谱柱的出口，样品在色谱柱中分离以后，随流动相连续地流经检测器，根据流动相中的样品浓度及样品性质可以输出一个可供观测的信号,来定量地表示被测组分含量的变化,最终得到样品组分分离的色谱图和各组分含量的信息。通用型检测器适用于所有高聚物和有机化合物的检测,主要有示差折光仪检测器、光散射检测器和黏度检测器。另外还有选择性检测器,此类检测器适用于对该检测器有特殊响应的高聚物和有机化合物,有紫外检测器、红外检测器、电导检测器等。

（三）校正曲线

用已知分子量的单分散标准聚合物预先做一条淋洗体积或淋洗时间和分子量对应关系曲线。该线称为校正曲线。聚合物中几乎找不到单分散的标准样,一般用窄分布的试样代替。在相同的测试条件下做一系列的 GPC 标准谱图,对应不同分子量样品的保留时间。以 $\lg m$ 对 $t$ 作图,所得曲线即为校正曲线。

对于不同类型的高分子,其分子量相同但分子尺寸并不一定相同。用聚苯乙烯(简称 PS)标准样品得到的校正曲线不能直接应用于其他类型的聚合物,而许多聚合物不易获得窄分布的标准样品进行标定。因此希望能借助于某一种聚合物的标准样品在某种条件下测得的标准曲线,通过转换关系在相同条件下用于其他类型的聚合物试样。这种校正曲线称为普适校正曲线。

## 三、仪器与试剂

Waters 1515/2414 GPC 凝胶渗透色谱仪(图 6-31-2),带有示差折光检测器。聚碳酸酯样品,分析纯四氢呋喃。

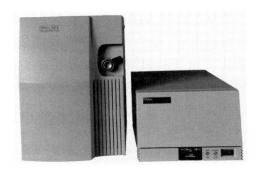

图 6-31-2　Waters 1515/2414 GPC 凝胶渗透色谱仪

### 四、实验步骤

（1）溶剂的预处理：分析纯溶剂用 0.2 $\mu$m 过滤膜过滤，经超声脱气处理后备用。

（2）样品的制备和处理：称取适量待测样品溶解在经过预处理的四氢呋喃溶剂中，样品浓度根据估算的分子量确定（一般 $M_w = 10^3 \sim 10^4$，浓度为 1.5～2 mg/mL，$M_w = 10^4 \sim 10^5$，浓度为 1～1.5 mg/mL）。提供足够时间供聚合物完全溶解，一般在室温下静置过夜。样品溶解后采用一次性微孔滤膜（0.22 $\mu$m），对样品溶液进行过滤，待用。

（3）色谱分析条件选定：选用合适的色谱柱、合适的流动相流速（如 1 mL/min）、定量环（如 20 $\mu$L）、柱温（如 40 ℃）。

（4）开机：将经过处理的溶剂倒入溶剂储存瓶中；依次打开稳压电源、计算机、泵、柱温箱、示差折光检测器开关。

（5）打开软件，在软件中设置流量，设置泵流速为 0.2 mL/min。注意设置变化时间为 2 min，即以 0.1 mL/min 缓慢增加流速，使色谱柱所受压力缓慢变化。

（6）在检测面板上设置温度为 40 ℃，冲洗示差折光检测器样品池及参比池，同时监控基线。冲洗完毕后回到正常测试状态。

（7）在运行样品界面，设置泵流速为 1 mL/min，变化时间为 8 min。

（8）点击软件系统中的单进样图标，输入待测样品名称→选择功能→选择方法组 PS→输入进样体积（20 $\mu$L）及样品测试时间（min），点击单进样，此时窗口显示等待进样。

（9）用 1 mL 注射器吸取四氢呋喃进行冲洗，反复几次，然后吸取 1 mL 待测溶液，注意须排除注射器内的空气，将针头擦干。

（10）将六通阀扳到"Inject"位置，将注射器插入进样口，将待测液缓缓注入后，迅速将六通阀扳到"Load"位置，将注射器拔出并用四氢呋喃清洗。

注意：在注入试样时速度不宜过快，速度过快可能导致定量环内靠近壁面的液体难以被赶出，进而影响进样量的准确性，稍慢可以使定量环内部的液体被完全平推出去。

（11）测试结束后，在软件中处理数据得到样品的分子量、分子量分布指数及分布图。根据需要复制 GPC 曲线及调取相关数据。

（12）实验完成后用溶剂清洗色谱柱 0.5 h,之后将流速以 0.1 mL/min 的速率下调至 0,关闭泵、检测器、柱温箱、计算机和稳压电源。

### 五、注意事项

（1）应充分溶解并过滤样品,样品瓶应使用超纯水进行浸泡清洗以去除瓶壁上存在的灰尘。

（2）色谱柱和检测器应使用预处理后的淋洗液充分冲洗,平衡之后方可进行测试。

（3）泵流速升降一定要慢,否则容易造成柱子的损坏。

### 六、思考题

（1）GPC 方法测定分子量为什么属于间接法？总结一下测定分子量的方法,哪些是绝对方法,哪些是间接方法,各有何优缺点？

（2）实验测定时哪些可能的误差会对分子量造成影响？

# 实验三十二　气相色谱-质谱联用法分析有机混合物

### 一、实验目的

（1）学习气相色谱-质谱联用法分析的基本原理和操作方法；
（2）了解质谱检测器的基本构造；
（3）了解工作站的基本功能。

### 二、实验原理

气相色谱法是一种应用非常广泛的分离手段,它是以惰性气体作为流动相的柱色谱法,其分离原理基于样品中的组分在两相间分配上的差异。气相色谱法虽然可以将复杂混合物中的各个组分分离开,但其定性能力较差,通常只是利用组分的保留特性来定性,这在欲定性的组分完全未知或无法获得组分的标准样品时,对组分进行定性分析就十分困难了。随着技术的发展,目前主要采用在线的联用技术,即将色谱法与其他定性或结构分析手段直接联机,来解决色谱定性困难的问题。气相色谱-质谱联用(GC-MS)是最早实现商品化的色谱联用仪器。目前,小型台式 GC-MS 已成为很多实验室的常规配置。

1. 质谱仪的基本结构和功能

质谱系统一般由真空系统、进样系统、离子源、质量分析器、检测器和计算机控制与数据处理系统(工作站)等部分组成,如图 6-32-1 所示。

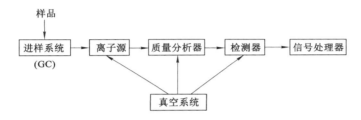

图 6-32-1　质谱仪的基本结构

质谱仪的离子源、质量分析器和检测器必须在高真空状态下工作,以减少本底的干扰,避免发生不必要的分子-离子反应。质谱仪的高真空系统一般由机械泵和扩散泵或涡轮分子泵串联组成。机械泵作为前级泵将真空抽到 $10^{-1} \sim 10^{-2}$ Pa,然后由扩散泵或涡轮分子泵将真空度降至质谱仪工作需要的真空度 $10^{-3} \sim 10^{-5}$ Pa。当真空度降到满足条件时,一般仍然需要继续平衡数小时,以充分排除真空体系内存在的诸如水分、空气等杂质以保证仪器工作正常。

气相色谱-质谱联用仪的进样系统由接口和气相色谱组成。接口的作用是使经气相色谱分离出的各组分依次进入质谱仪的离子源。接口一般应满足如下要求:① 不破坏离子源的高真空,也不影响色谱分离的柱效;② 使色谱分离后的组分尽可能多地进入离子源,流动相尽可能少进入离子源;③ 不改变色谱分离后各组分的组成和结构。

离子源的作用是将被分析的样品分子电离成带电的离子,并使这些离子在离子光学系统的作用下,汇聚成有一定几何形状和一定能量的离子束,然后进入质量分析器被分离。其性能直接影响质谱仪的灵敏度和分辨率。

离子源的选择主要依据被分析物的热稳定性和电离的难易程度,以期得到分子离子峰。电子轰击(eletron impact,EI)离子源是气相色谱-质谱联用仪中最为常见的电离源,它要求被分析物能气化且气化时不分解。

电子轰击电离使用具有一定能量的电子直接作用于样品分子,使其电离。图 6-32-2 是 EI 离子源的原理示意图。用钨或铼制成的灯丝在高真空中被电流炽热,发射出电子。在电离盒与灯丝之间加一电压(正端在电离盒上),这个电压被称为电离电压。电子在电离电压的加速下经过入口狭缝进入电离区。样品气化后在电离区与电子作用,一些分子获得足够能量后丢失一个电子形成正离子。在永久磁铁的磁场作用下,电子束在电离区做螺旋运动,增大与中性分子的碰撞概率,从而使电离效率提高。

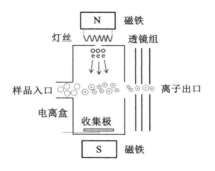

图 6-32-2  EI 离子源的原理示意图

有机化合物的电离能在 10 eV 左右。当大于这一能量的电子轰击时,样品分子获得很大能量,电离发生后还可能进一步碎裂。大多数 EI 质谱图集或数据库收录在 70 eV 下获得的质谱图,在这个能量下,灵敏度接近最大值,而且分子电离的破碎不受电子能量的细小变化的影响。EI 离子源电离效率高,能量分散小,这保证了质谱仪的高灵敏度和高分辨率。

质量分析器是质谱仪的核心,它将离子源产生的离子按质荷比($m/z$)的不同,按空间位置、时间的先后或轨道的稳定与否进行分离,以得到按质荷比大小顺序排列的质谱图。常见的质量分析器有四极杆质量分析器、离子阱质量分析器、飞行时间质量分析器等。

四极杆质量分析器(图 6-32-3)是最常用的质量分析器之一,它由四根截面为双曲面或圆形的棒状电极组成,两组电极之间施加一定的直流电压和频率为射频范围的交流电压。当离子束进入筒形电极所包围的空间后,离子做横向摆动,在一定的直流电压、交流电压和频率,以及一定的尺寸等条件下,只有特定范围 $m/z$ 的离子能够到达接收器(共振离子)。其他离子(非共振离子)在运动过程中撞击在筒形电极上而被"过滤"掉,最后被真空泵抽走。如果使交流电压的频率不变而连续改变直流和交流电压的大小(但要保持比例不变)即电压扫描,或保持电压不变而连续改变交流电压的频率即频率扫描,就可使 $m/z$ 不同的离子依次到达检测器而得到质谱图。四极杆质量分析器具有体积小、重量轻等优点,且操作方便,是目前台式气相色谱-质谱联用仪中主流的质量分析器之一。

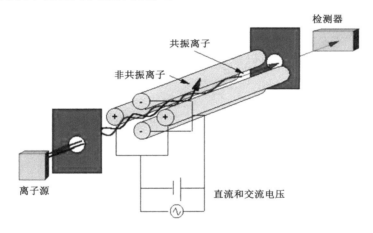

图 6-32-3 四极杆质量分析器的原理示意图

检测器的作用是将来自质量分析器的离子束进行放大并进行检测,电子倍增检测器是色谱-质谱联用仪中最常用的检测器。

计算机控制与数据处理系统(工作站)的功能是快速准确地采集和处理数据,监控质谱及色谱各单元的工作状态,对化合物进行定性定量分析,按用户要求生成分析报告。

标准质谱图是在标准电离条件——70 eV 电子束轰击已知纯有机化合物得到的质谱图。在气相色谱-质谱联用仪中,进行组分定性的常用方法是标准谱库检索。即利用计算机将待分析组分(纯化合物)的质谱图与计算机内保存的已知化合物的标准质谱图按一定程序进行比较,将匹配度(相似度)最高的若干个化合物的名称、分子量、分子式、识别代号及匹配率等数据列出供用户参考。值得注意的是,匹配率最高的并不一定是最终确定的分析结果。

目前比较常用的通用质谱谱库包括美国国家科学技术研究所的 NIST库、NIST/EPA(美国环保局)/NIH(美国卫生研究院)库和 Wiley库,这些谱库收录的标准质谱图均在 10 万张以上。

2. 质谱仪的调谐

为了得到好的质谱数据,在进行样品分析前应对质谱仪的参数进行优化,这个过程就是质谱仪的调谐。比如调谐中设定离子源部件的电压,设定电子倍增器(EM)电压保证适当的峰强度,设定质量轴保证正确的质量分配。

调谐包括自动调谐和手动调谐两类方式,自动调谐中包括标准谱图调谐、快速调谐等方式。如果分析结果将进行谱库检索,一般先进行自动调谐,然后进行标准谱图调谐以保证谱库检索的可靠性。

## 三、仪器与试剂

Agilent 8890+5977B 气相色谱-质谱联用仪(图 6-32-4)、He 气源(高纯)、毛细管色谱柱(30 m×0.32 mm×0.25 $\mu$m,HP-5 型)、滤芯、微量注射器等。未知有机混合物溶液。

图 6-32-4　Agilent 8890+5977B 气相色谱-质谱联用仪

## 四、实验步骤

1. 开机

（1）打开 He 气路控制阀，设置压力至 0.5 MPa。

（2）打开 5977B 电源（若 MSD 真空腔内已无负压，则应在打开 MSD 电源的同时，用手向右侧推真空腔直至侧面板被紧固地吸牢），等待仪器自检完毕。

（3）5977B 自检完成后，打开 8890GC 电源，等待 GC 自检完成。

（4）打开计算机，登录进入 Windows 系统。

（5）桌面双击 MassHunter 采集软件图标，进入 MassHunter 采集界面。

2. 调谐

在仪器开机 2 个小时后方可进行检测，若仪器长时间未开机，未得到好的调谐结果，可将时间延长至 4～6 h 或者抽真空过夜。

可通过以下三种方式判断真空度是否良好：

（1）在仪器控制界面下，菜单栏上单击"视图"→"调谐和真空控制"→"调谐"→"空气与水检查"，得到结果应为氧气＜2.5%，水＜20%，氮气＜10%；

（2）在"调谐和真空控制"界面菜单栏上选择"参数"→"手动调谐"判断氮、氧、水的含量；

（3）配有真空规的仪器，可通过真空度判断真空度是否良好（通常在 $8 \times 10^{-6}$ Torr）。

真空度达到要求后，在"调谐和真空控制"界面菜单栏上选择"调谐"菜单，根据需要选择相应的调谐类型进行调谐；调谐完成后，可通过"调谐"菜单下"调谐评估"功能判断调谐结果是否正常。

3. 样品测定与分析

（1）按照手册要求进行"方法编辑"，并进行"单针"或"序列"的采集。

① 方法编辑：在脱机界面调用方法，在原方法基础上编辑 GC 参数，对分流比和柱箱的升温程序进行编辑；编辑 MSD 参数，根据起始温度及溶剂沸点调整溶剂延迟时间。保存方法，输入方法的名字后点击确定。

② "序列"数据采集：首先填写序列信息：序列→编辑序列→填写各种信

息(包括名称、样品瓶、方法路径、方法文件、数据路径、数据文件名称)→保存;然后运行序列,即进行数据采集:序列→运行序列→进一步确认方法和文件信息→运行。

(2)得到采集数据后,按照手册中说明分别在 MassHunter 定性、定量软件中进行定性、定量分析。点击"数据分析"图标,文件→调用数据文件(调出要分析的谱图)→确定;定性分析:对于每一个峰,将其质谱图与标准谱库谱图对比,定性分析其可能的化学式与结构式;定量分析:色谱图→百分比报告,定量分析各组分百分比含量。

4. 关机

在 MassHunter 仪器控制界面下,单击菜单栏"视图"按钮,进入"调谐和真空控制"界面,在菜单栏上点击"真空"菜单,选择"放空"按钮,等待涡轮泵转速降至 40% 以下,同时离子源和四极杆温度降至 100 ℃ 以下,此过程大概 30~40 min,然后退出 MassHunter 采集软件,并依次关闭 5977B 电源、8890 电源(在触摸屏点击"设置"→"电源"→"关闭",当触摸屏上显示"可以正常关闭电源"时,方可关闭 8890 电源按钮),最后关掉 He 气总阀。

# 实验三十三　扫描电子显微镜对 ZSM-5 分子筛的形貌分析

## 一、实验目的

(1)了解扫描电子显微镜的结构及成像原理;
(2)学会测试样品的不同处理方式;
(3)学会观察分析分子筛催化剂的形貌。

## 二、实验原理

### (一)仪器结构

扫描电子显微镜(scanning electronic microscopy,简称 SEM),简称扫描电镜,主要有四个部分:电子光学系统、信号探测系统、真空系统和计算机控制系统。

1. 电子光学系统

电子光学系统主要包括电子枪、电磁透镜、扫描线圈和样品室等。

（1）电子枪

扫描电镜的电子枪与透射电镜相似，其作用是产生电子照明源。一般电子枪的性能决定扫描电镜的质量，商业生产扫描电镜的分辨率可以说是受电子枪亮度所限制。因此，电子枪的必要特性是亮度要高、电子能量散布要小。目前常用的电子枪种类主要有三种，即钨（W）灯丝、六硼化镧（LaB6）灯丝和场发射（field emission）电子枪。不同的灯丝在电子源大小、电流量、电流稳定度及电子源寿命等方面均有差异。

目前常见的场发射电子枪有冷场发射和热场发射两种。冷场发射的优点是电子束直径小、亮度高，图像具有较理想的分辨率。冷场发射电子枪操作时，为避免针尖被外来气体吸附，往往降低场发射电流，由此导致发射电流不稳定，并需在较高真空度下操作。热场发射电子枪在 1 800 K 温度下操作，避免了气体分子在针尖表面的吸附，可维持较好的发射电流稳定度，并能在较低的真空度下操作，亮度与冷场发射相类似。

（2）电磁透镜

扫描电镜中的电磁透镜主要用作聚光镜，其功能是把电子束斑（虚光源）逐级聚焦缩小，使原来直径约为 50 $\mu$m 的束斑缩小到 5 nm（或更小）的细小斑点，且连续可变，为了获得上述电子束，需用几个电磁透镜协同完成。采用电磁透镜可避免污染和减小真空系统的体积、球像差系数。目前扫描电镜的透镜系统有三种结构：① 双透镜系统；② 双级励磁的三级透镜系统；③ 三级励磁的三级透镜系统。

（3）扫描线圈

扫描线圈通常由两个偏转线圈组成，在扫描发生器的控制下电子束在样品表面做光栅扫描。电子束在样品表面的扫描和显像管的扫描由同一扫描发生器控制，保持严格同步。样品上各点受到电子束作用而发出的信号电子可由信号探测器接收，并通过显示系统在荧光屏上按强度描绘出来。

（4）样品室

样品室用于放置测试样品，并安装各种信号电子探测器。

2. 信号探测系统

信号探测放大系统的作用是检测样品在入射电子作用下产生的各类电

子信号,经视频放大后作为显像系统的调制信号。信号电子不同,所需的检测器类型也不同,大致可分为三类,即电子检测器、荧光检测器和 X 射线检测器。在扫描电镜中最普遍使用的是电子检测器,由闪烁体、光导管和光电倍增器组成。

3. 真空系统

由于电子束只能在真空下产生和操控,扫描电镜对镜筒的真空度有一定要求。一般情况下,要求真空度优于 $10^{-4} \sim 10^{-3}$ Pa。如果真空度下降,会导致电子枪灯丝寿命缩短,极间放电,产生虚假二次电子效应、透镜光阑和样品表面污染加速等,从而严重影响成像。因此,真空系统是衡量扫描电镜的参考指标之一。其设备主要包括机械泵和涡轮分子泵或溅射离子泵。

(二)工作原理

扫描电镜由电子枪发射出来电子束,在加速电压的作用下经过磁透镜系统汇聚,形成直径为 5 nm(或更小)的电子束,聚焦在样品表面上,在第二聚光镜和物镜之间偏转线圈的作用下,电子束在样品上做光栅状扫描,电子和样品相互作用,产生信号电子。这些信号电子经探测器收集并转换为光子,再经过电信号放大器加以放大处理,最终成像在显示系统上。

当具有一定能量的入射电子束轰击样品表面时,超过 99% 的入射电子能量都会转变成样品热能而损失掉,但是剩余的少于 1% 的入射电子将从样品中激发出各种信号,如二次电子、背散射电子、吸收电子、透射电子、反射电子、俄歇电子、阴极荧光、X 射线等,如图 6-33-1 所示。扫描电镜就是通过

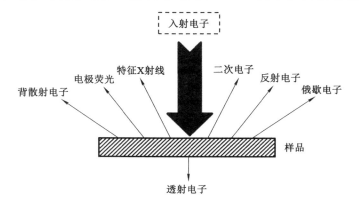

图 6-33-1 电子与样品表面相互作用示意图

采集和分析这些电子所携带的信息,达到分析照射样品的目的。

试样可为块状或粉末颗粒,成像信号可以是二次电子、背散射电子或吸收电子。其中二次电子是最主要的成像信号。二次电子是入射电子轰击样品的时候从其表面离开的核外电子,其产生率与样品的形貌和成分有关系。

如果原子的核外电子从入射电子那里获得的能量大于其结合能,就可以脱离原子成为自由电子。不是所有的自由电子都可以脱离材料表面,还有逸出功的限制。只有部分能量大于逸出功的自由电子才能够脱离材料表面,进入真空中,形成所谓的二次电子。电子受到诸多束缚而不容易脱离材料表面,只有受到外界的电子轰击而获得能量才可以,因此即使有离开的电子,也是位于表面比较浅位置的,如表面深度 $5 \sim 10$ nm 的区域,能量也不高,只有 $0 \sim 50$ eV。但是这些二次电子对样品的表面状态却非常敏感,其携带的信息可以有效地显示出样品表面的微观形貌。检测二次电子的方法也有一些不足之处,比如二次电子产生的数量与原子序数之间没有明显的对应关系,所以该方法不适合用于成分分析。

与光学显微镜相比,扫描电镜具有一些显著的优点:其一,样品制备简单;其二,分辨率很高,一般可达到 $5 \sim 10$ nm;其三,放大倍数比较高,虽然不及透射电镜,但也可以达到几十万倍或更高。

### 三、样品制备

样品制备技术在电子显微技术中占有重要的地位,它直接影响显微图像的观察和对图像的正确解释,可以说样品的正确制备直接决定了观察效果。扫描电镜样品可以是块状、薄膜或粉末颗粒,由于是在真空中直接观察,扫描电镜对各类样品均有一定要求。首先,要求样品保持其结构和形貌的稳定性,不因取样而改变。其次,要求样品表面导电,如果样品表面不导电或导电性不好,将在样品表面产生电荷的积累和放电,造成入射电子束偏离正常路径,使得图像不清晰以致无法观察和抓拍图片。最后,要求样品大小要适合于样品桩的尺寸。各类扫描电镜样品桩的尺寸均不相同,以适应不同尺寸的样品。如果样品含水分,应烘干除去水分。

样品镀膜方法:利用扫描电镜观察不导电或导电性很差的非金属材料时,一般都用真空镀膜机或离子溅射仪在样品表面上沉积一层重金属导电膜,镀层金属有金、铂、银等重金属,常用的沉积导电膜为金膜。样品镀膜后不仅可以防止充电、放电效应,还可以减少电子束对样品表面造成的损伤,增加二次电子产额,获得良好的图像。

### 四、仪器与试剂

Gemini SEM 500 场发射扫描电子显微镜（图 6-33-2）、低温烘箱（或电炉）、氮气瓶和氮气吹扫枪、真空镀金设备、ZSM-5 分子筛、无水乙醇、导电胶、滴管、牙签等。

图 6-33-2　Gemini SEM 500 场发射扫描电子显微镜

### 五、实验步骤

1. 备样

用牙签取一小部分样品分散在粘于样品台的导电胶上,注意喷金前一定要用氮气吹扫枪吹去导电胶上没粘牢的样品,避免污染仪器。如有必要,可参考附录中粉末状样品处理方法,

将样品分散在乙醇中,然后将分散液滴在导电胶上的方法。样品粘附牢固后,将样品台放入镀金仪中,按照操作规程镀金一定时间后取出样品。

2. 测试

（1）打开样品室。由于样品室每次用完之后是关闭的,并且抽了真空以保护探头,因此先要将进气阀打开,以便空气能够进去从而顺利打开样品室。当样品放入之后要将其关闭并抽真空,以保证散射电子不会被空气中的气体成分干扰。

（2）操作软件中,根据样品的导电性能调整电压。

（3）将图像的选区选择为全屏,这样可以使观察界面更清晰,能够获得更多的信息。

（4）调整显示器的对比度和亮度,以便能够清楚地看见图像的各个细节。

（5）在观察显示界面的同时调节聚焦旋钮,以保证图像是清晰的。

（6）观察一个视场,寻找信息更为丰富的所需要的特征图像进一步放大观察。

（7）调整 X 方向和 Y 方向以保证图像是清晰的。

（8）根据样品位于观察区域的实际特点，选择适当的扫描速率来观察图像。

（9）选择清晰、特征明显的微观图像进行拍照。

（10）填写实验记录和仪器使用记录本。

## 六、数据记录及处理

对拍摄到的样品照片进行分析，得出结论。

## 七、思考题

（1）简述扫描电镜的工作原理。

（2）简述不同类型样品制备步骤及注意事项。

（3）与文献中的样品形貌和晶粒尺寸进行对比，分析异同，并探究原因。

## 八、附录

扫描电子显微镜样品制备方法如下：

1. 样品要求

样品需要干燥而且清洁，不含有易挥发物质和强酸强碱物质，一般处理方式如下：

（1）含水分的要充分干燥（如用红外灯烘干）；

（2）受污染物比如油渍等污染的，需要用酒精或者丙酮超声清洗。

2. 样品处理

（1）块/片状样品的处理

预处理：确定表面是否清洁，如果有锈迹或者其他浸染物，则需要用蘸有乙醇或丙酮的无尘纸紧压其表面，待其干透后剥离下来，视污染程度如此反复几次，最后再放入乙醇或丙酮中超声清洗；如果表面沾油污用酒精或者丙酮超声清洗。

两种制样方法：① 把颗粒撒在载玻片上面，然后用贴好双面导电胶的样品钉，去"复制"颗粒，然后再用氮气吹扫或洗耳球用力吹几次，不导电的颗粒进行喷金处理;② 把颗粒直接撒在贴好双面导电胶的样品钉上,然后再用氮气吹扫或洗耳球用力吹几次,不导电的颗粒进行喷金处理。

（2）粉末状样品的处理

该法主要针对纳米颗粒和易于团聚的粉末颗粒。

① 将粉末样品取适量,放入酒精或者乙醚等清洁且又不与粉末发生反应的溶剂中,再滴入少量的分散剂(偏磷酸钠等),并摇匀或者用超声波振动摇匀;

② 用吸管将含有颗粒的溶液,滴在表面清洁光亮的铝/铜导电胶带上,然后用牙签蘸上酒精,把这滴溶液均匀地分散,然后用红外烘烤灯烘干;

③ 如果需要进行喷金处理。

# 参 考 文 献

[1] 常启兵.新能源专业实验与实践教程[M].北京:化学工业出版社,2019.

[2] 陈润锋,郑超,李欢欢.有机化学与光电材料实验教程[M].南京:东南大学出版社:2019.

[3] 程新群.化学电源[M].2版.北京:化学工业出版社,2019.

[4] 杜荣兵,徐维林,邢巍,等.低甲醇透过直接甲醇燃料电池[J].应用化学,2003,20(8):791-793.

[5] 冯云超,左森,曾宪海,等.葡萄糖制备 5-羟甲基糠醛[J].化学进展,2018,30,314-324.

[6] 郭炳焜,李海新,杨松青.化学电源:电池原理及制造技术[M].长沙:中南大学出版社,2000.

[7] 胡坪,王月荣,王氢,等.仪器分析实验[M].3版.北京:高等教育出版社,2016.

[8] 胡蓉蓉.两亲改性碳纤维及其碳纸性能研究[D].天津:天津工业大学,2020.

[9] 李芬.锌空气电池之气体扩散电极性能研究[D].合肥:中国科学技术大学,2010.

[10] 李玲玲,王胜恩.金属薄板电导率的四探针测量法[J].河北工业大学学报,2000,4:76-78.

[11] 李攀.生物质催化热解制备高选择性芳香烃生物油的实验研究[D].武汉:华中科技大学,2016.

[12] 李韦韦,王刚,曹蕾,等.石墨烯的制备及其在 NMP 中分散性能研究

[J].当代化工研究,2023,24:187-190.

[13] 毛宗强.燃料电池[M].北京:化学工业出版社,2005:275-281.

[14] 孟哲.现代分析测试技术及实验[M].北京:化学工业出版社,2019.

[15] 邱云峰,应余欣,朱忆雪,等.生物碳制备及其锌空气电池应用综合实验设计[J].实验技术管理,2023,8(40):84-91.

[16] 孙东平,江晓红,夏锡锋,等.现代仪器分析实验技术-上册[M].2版.北京:科学出版社,2021.

[17] 孙公权,王素力.燃料电池:问题与对策[M].姜鲁华,译.北京:人民邮电出版社,2011.

[18] 孙雪敬.直接甲醇燃料电池界面行为与耐久性研究[D].北京:中国科学院大学,2019.

[19] 汪国雄,孙公权,辛勤,等.直接甲醇燃料电池[J].物理,2004,33(3):165-169.

[20] 王姣.锂离子电池正极材料 $LiFePO_4/C$ 表面碳层改性的研究[D].天津:天津大学,2015.

[21] 王绍荣,肖钢,叶晓峰.固体氧化物燃料电池:吃粗粮的大力士[M].武汉:武汉大学出版社,2013.

[22] 王绍荣,叶晓峰.固体氧化物燃料电池技术[M].武汉:武汉大学出版社,2015.

[23] 徐溢,穆小静.仪器分析[M].北京:科学出版社,2021.

[24] 燕召.二次锌/空气电池关键材料与系统集成研究[D].北京:中国科学院大学,2017.

[25] 杨浩,郑华艳,常瑜,等.以共沉淀法为基础的铜基催化剂制备新技术的研究进展[J].化工进展,2014,33(2):379-386.

[26] 衣宝廉.燃料电池:原理·技术·应用[M].北京:化学工业出版社,2003.

[27] 余珊珊.纳米二氧化钛的化学改性及其光催化性能的研究[D].北京:北京化工大学,2012.

[28] 袁丽只.碱性介质中阴极氧还原反应银基电催化剂研究[D].北京:中国科学院大学,2016.

[29] 张丽芳,张双全.化工专业实验[M].徐州:中国矿业大学出版社,2018.

[30] 张晓丽.仪器分析实验[M].北京:化学工业出版社,2006.

[31] 张雅星,庞少华,于丽平,等.改性 $TiO_2$ 光催化降解苯酚研究进展[J].环境与发展,2020,32(12):112-113.

[32] 张莹莹.$TiO_2$ 基纳米复合材料的制备及光催化还原 $CO_2$ 性能研究[D].银川:宁夏大学,2021.

[33] 赵莉.浅析室内环境中甲醛的危害及检测[J].中国建材科技,2019,28(5):39-42.

[34] 赵丽珠.二氧化钛复合改性及其光催化降解有机物[D].济南:济南大学,2021.

[35] 郑帅,郭锺然,蒋泽琦,等.燃料电池气体扩散层制备工艺的优化及其应用[J].2015,8:1658-1660.

[36] 朱俊生.碳基纳米复合材料的制备及协同储能机理[M].徐州:中国矿业大学出版社,2018:20-28.

[37] DEBE M K. Electrocatalyst approaches and challenges for automotive fuel cells[J]. Nature,2012,486:43-51.

[38] FRANK S N,BARD A J. Heterogeneous photocatalytic oxidation of cyanide ion in aqueous solutions at titanium dioxide powder[J]. Journal of the American Chemical Society,1977,99(1):303-304.

[39] HEINZEL A,BARRAGÁN V M. A review of the state-of-the-art of the methanol crossover in direct methanol fuel cells[J]. Journal of Power Sources,1999,84(1):70-74.

[40] ISIKGOR F H,ZHUMAGALI S,T MERINO L V,et al. Molecular engineering of contact interfaces for high-performance perovskite solar cells[J]. Nature Reviews Materials,2023,8:89-108.

[41] METCALF I,SIDHIK S,ZHANG H,et al. Synergy of 3D and 2D perovskites for durable,efficient solar cells and beyond[J]. Chemical Reviews,2023,123(15):9565-9652.

[42] MINH N. Solid oxide fuel cell technology? features and applications[J]. Solid State Ionics,2004,174(1/2/3/4):271-277.

[43] WANG J J,REN J W,LIU X H,et al. High yield production and purification of 5-hydroxymethylfurfural[J]. AIChE Journal,2013,59(7): 2558-2566.

[44] WEI J,YAO R W,HAN Y,et al. Towards the development of the emerging process of $CO_2$ heterogenous hydrogenation into high-value unsaturated heavy hydrocarbons[J]. Chemical Society Reviews,2021, 50(19):10764-10805.

[45] YU G,GAO J,HUMMELEN J C,et al. Polymer photovoltaic cells:enhanced efficiencies via a network of internal donor-acceptor heterojunctions[J]. Science,1995,270(5243):1789-1791.

[46] ZHANG W,HU Y H. Recent progress in design and fabrication of SOFC cathodes for efficient catalytic oxygen reduction[J]. Catalysis Today,2023,409:71-86.

[47] ZHAO H B,HOLLADAY J E,BROWN H,et al. Metal chlorides in ionic liquid solvents convert sugars to 5-hydroxymethylfurfural[J]. Science,2007,316(5831):1597-1600.

[48] ZHAO Y,CHEN T L,XIAO L G,et al. Facile integration of low-cost black phosphorus in solution-processed organic solar cells with improved fill factor and device efficiency[J]. Nano Energy,2018,53: 345-353.